科学大发现

世界地貌

纸上魔方　编著

北方妇女儿童出版社
长春

图书在版编目（CIP）数据

世界地貌 / 纸上魔方编著. -- 长春 : 北方妇女儿童出版社, 2016.10
（科学大发现）
ISBN 978-7-5385-9952-7

Ⅰ. ①世… Ⅱ. ①纸… Ⅲ. ①地貌—少儿读物 Ⅳ. ①P931-49

中国版本图书馆CIP数据核字(2016)第111871号

世界地貌

SHIJIE DIMAO

出版人 刘 刚
策划人 师晓晖
责任编辑 杨兴臣 曲长军
开 本 720mm × 1000mm 1/16
印 张 8
字 数 100千字
版 次 2016年10月第1版
印 次 2016年10月第1次印刷
印 刷 北京盛华达印刷有限公司
出 版 北方妇女儿童出版社
发 行 北方妇女儿童出版社
地 址 长春市人民大街4646号 邮编：130021
电 话 编辑部：0431-86037970 发行科：0431-85640624

定 价 21.80元

前言

一本好书能够改变一个孩子的人生，一门有趣的学科可以充分发掘孩子求知的天性。如何让孩子爱上科学是本书编委会编绘此书的初衷，科学并不枯燥乏味，它是一个充满想象力和趣味的世界。

吃人的老虎也有温柔的时候吗？青蛙眼睛的构造真的很特别吗？植物为了繁育下一代有哪些本领？闪电和雷声为何总是先后出现？飞机的翅膀与鸟有关吗？水在零度以下是否还会流动？居住在北极的人冬天如何生活？丹霞地貌是什么样子的？大自然就是最奇妙的科学殿堂！

本系列图书从身边的足球到横跨大海的桥梁，从香甜可口的食物到精美实用的物品，从探寻它们的奥秘到满足小读者的好奇心，通过一个又一个的“为什么”，不断激发他们探索科学的兴趣，为家长孩子的生活带来更多的愉悦。另外，书中将艰深、严肃的科学知识，变成了打动人心的故事、夸张幽默的图画以及鲜活热闹的语言。让孩子们在极富视觉冲击的画面中，领略科学的神奇奥妙。

探索世界奥秘　丰富科学知识

目录

目录

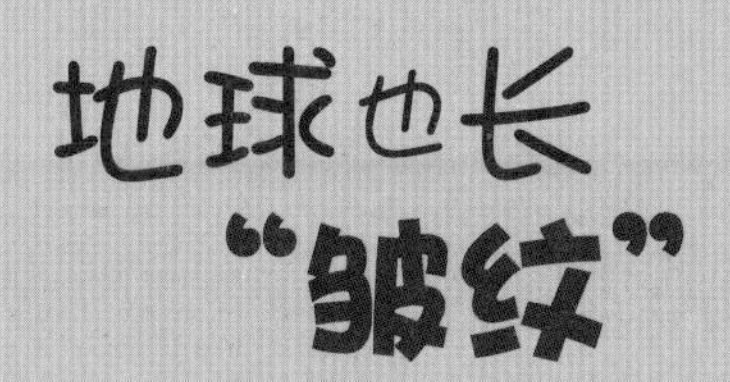

地球也长“皱纹”吗？

皱纹是岁月给人们留下的痕迹，见证着一个人的风霜雨露，同时意味着这个人已经长大，变得更加成熟和更有魅力。像人类一样，地球也有皱纹哦，它的大名叫“褶皱”。

在山上或谷地玩的时候，我们时常会看到岩石起起伏伏构成像皱纹一样的地貌，这就是褶皱。它是岩石受外力和自身重力作用形成的。形象地

说，就好比你用双手从两边向中央推挤一张平铺着的报纸，报纸会发生隆起或凹下。其实褶皱也是这样的，并不都是向上隆起的，如果褶皱面向上弯曲的称为背斜；褶皱面向下弯曲的称为向斜。背斜和向斜是最常见的两种褶皱。

如果你仔细观察，就会发现背斜往往形成山峰，而向斜则形成谷地。告诉你一个秘密：有背斜的地方下面可能蕴藏着大量石油。世界上许多油田的发现都与它有很大关系，我国的大庆油田就是其中之一。

地球上褶皱有很多，有些大的褶皱能绵延几千米，甚至数百千米。从卫星拍下的照片上，可以清晰地看到它的全貌。

地球上有许多高大雄伟的山脉，其中很多是由褶皱形成的山脉。从欧洲的阿尔卑斯山到亚洲的喜马拉雅山，是世界上最长的一条东西向褶皱带，其中包括高加索山脉、兴都库什山脉等。

原来，地球母亲脸上的皱纹有这么多秘密啊！所以，我们要常常看看她的皱纹，多多关心、了解她。

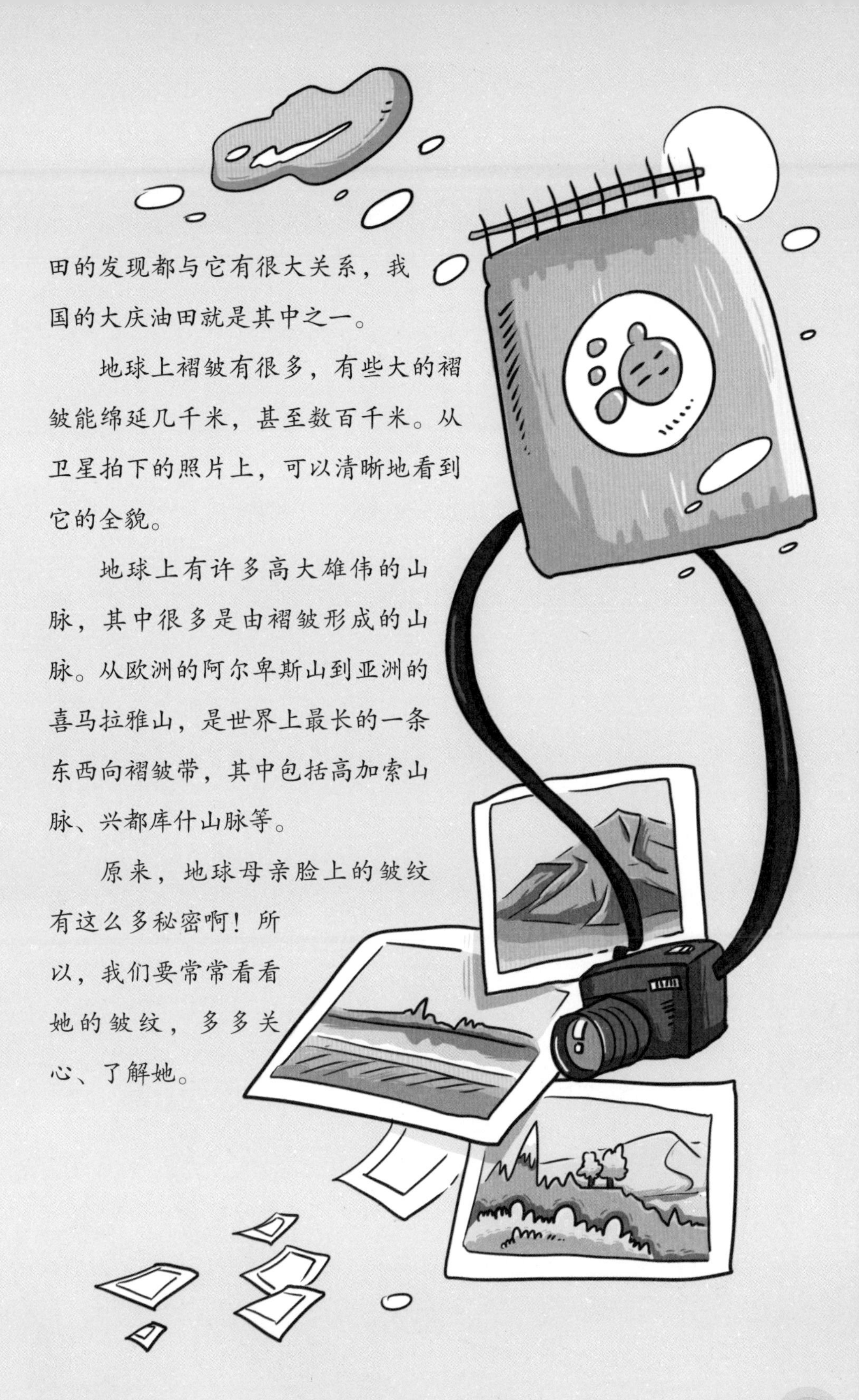

地球的“外衣”破了吗？

我们的地球穿着一件透明的衣服！不过，这件衣服不是虚无的，而是真实存在的。这件衣服就是我们常说的大气层。

对地球来说，大气层实在是太重要了。人们称它是“地球的外衣”和“生命的保护伞”。它日夜阻拦着太空中的严寒、高温、太阳辐射，以及流星等不速之客，使地球上的生命免受侵害。还记得6500万年前那件可怕的事情吗？一颗流星撞在了地球上，结果造成大量动、植物永远地从地球上灭绝了，其中就有恐

龙。想一想，地球如果没有了这件外衣，这样的恐怖事件一定会发生更多，后果更将不堪设想！

你看，说什么来什么。现在，地球的外衣就破了个洞，危险也随之而来了。

近年来，由于人们大量使用煤、石油、天然气等燃料，以及盲目砍伐树木，造成了二氧化碳、氩、甲烷等温室气体不断增加，致使大气层中的臭氧遭到了严重破坏。还有，人们生产使用的冷冻剂、清洁剂等向空气中排放了大量可以分解臭氧的氯氟烃化合物，也加速了对臭氧的破坏。

于是，随着臭氧的破坏越来越严重，地球的外衣破了！早在1975年左右，英国科学家就发现了南极洲上空10～30千米处臭氧含量在逐年减少，而1987年只有正常值的一半。人们称这一现象为臭氧“空洞”。现在，每年8月下旬到10月上旬之间，南极洲的上空均会出现臭氧“空洞”。另外，在1990年前后，美国宇航员居然在北极地区上空也发现了臭氧空洞。臭氧空洞正在向全球扩散！

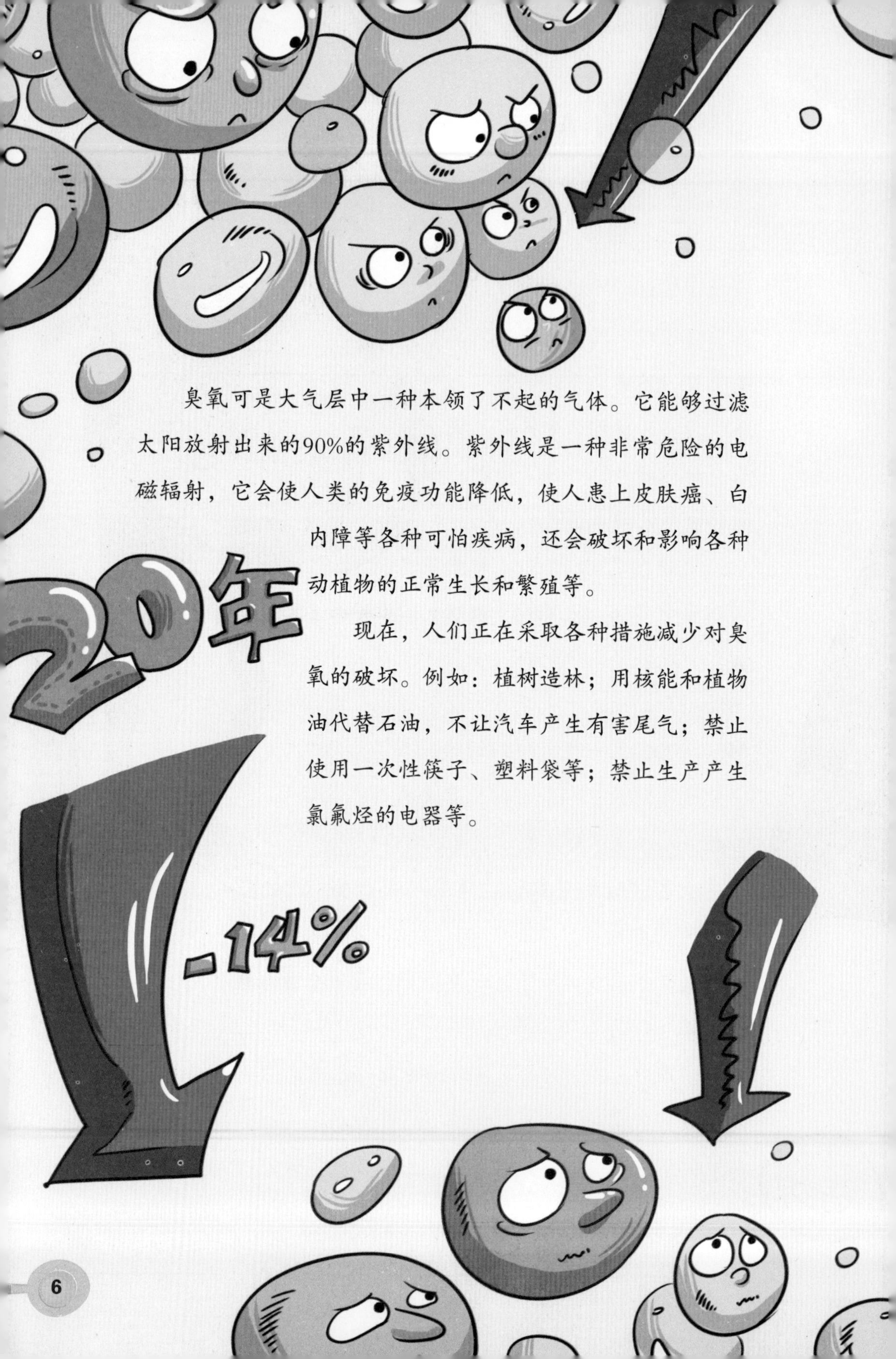

臭氧可是大气层中一种本领了不起的气体。它能够过滤太阳放射出来的90%的紫外线。紫外线是一种非常危险的电磁辐射，它会使人类的免疫功能降低，使人患上皮肤癌、白内障等各种可怕疾病，还会破坏和影响各种动植物的正常生长和繁殖等。

现在，人们正在采取各种措施减少对臭氧的破坏。例如：植树造林；用核能和植物油代替石油，不让汽车产生有害尾气；禁止使用一次性筷子、塑料袋等；禁止生产产生氯氟烃的电器等。

地球哪里来的“眼泪”？

在地球上，大大小小的湖泊犹如一颗颗珍珠，遍布世界各地。人们常把湖泊形象地称为地球的眼泪。对于湖泊，我们并不陌生，但你了解它有多少呢？

通常来说，湖泊是由洼地积水形成的。与池塘、沼泽和河流相比，它的面积比池塘大，不会像沼泽长那么多草、树或灌木，没有河流流得快。

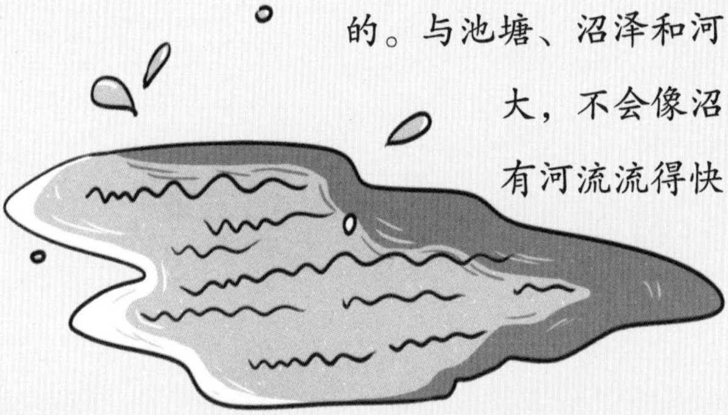

地球上的湖泊众多，总面积约270万平方千米。我国是一个多湖泊的国家，约有湖泊24800个，总面积约71000平方千米。

湖泊的形成，多种多样。有的是在火山口积水形成的，叫火山口湖；有的是在盆地中形成的，叫构造湖；有的是在溶洞中形成的，叫岩溶湖；有的是冰川融水汇入洼地形成的，叫冰川湖；有的是在沙漠中形成的，叫风成湖；有的是河流摆动或改道形成的，叫河成湖；有的

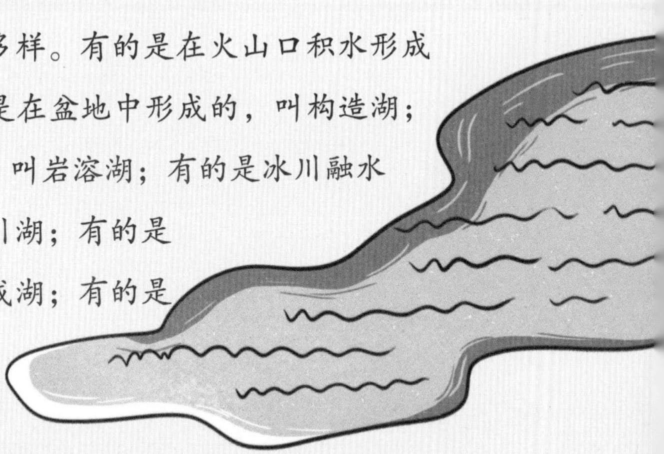

是海湾与海洋分割后形成的，叫海成湖，这些湖泊都是自然形成的。还有一类湖泊是人工形成的，我们称为人工湖，如露天采矿场凹地积水、拦河筑坝形成的水库等。

湖泊的形状、大小、颜色和味道等也是多种多样。里海是

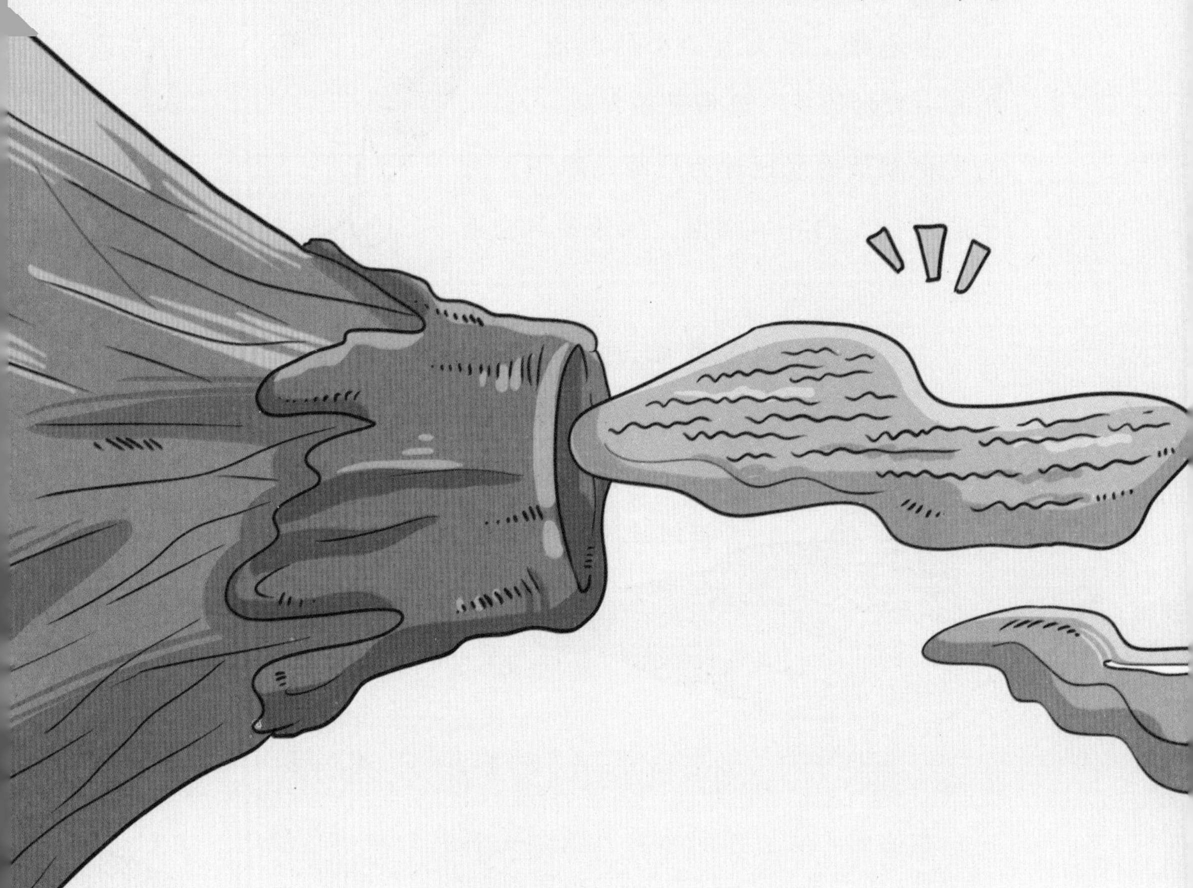

世界上最大的湖泊，面积约37万平方千米；我国的本溪湖是世界上最小的湖泊，面积仅15平方米；贝加尔湖是世界上最深的湖泊，深度达1680米；青藏高原上的霍尔帕湖是世界上最高的湖泊，海拔为5465米；死海是世界上最低的湖，湖面比水平面还低393米，它还是世界上最咸的湖；苏必利尔湖是世界上最大的淡水湖；俄罗斯的乌拉尔地区有个甜湖，不但湖水含有甜味，而且

洗衣服时，只要把衣服浸在湖水里揉搓，不用洗涤剂就能洗得很干净；拉丁美洲的特立尼达岛有一个黑湖，整个湖面都是黑乎乎的。

世界上还有许多奇怪有趣的湖泊，如澳大利亚的乔治湖从1920年发现至1990年最后一次消失，已经重复出现、消失6次了；美国马萨诸塞州有一个小湖，它的英文名字（Chargoggagogg manchaugagoggchaubuna gungamaugg）竟有44个字母，中文名字（查尔戈格加戈格曼乔加戈格

乔布纳根加莫格）则有19个字，它是世界上名字最长的湖泊。

你看，地球上的湖泊好美好可爱啊！因为有了它们，地球也变得分外美丽而可爱了！

地球表皮的大伤痕疼不疼啊？

假如有一天你坐着神舟号飞船在太空旅行，俯瞰地球，你就会清晰地看到地球表面有一条大大的裂缝，它就是著名的东非大裂谷。

东非大裂谷，又称东非大峡谷、东非大地沟，是地球上最大最长最深的裂谷带。它南北纵贯50多个纬度，总长约6500千米，最宽处有200千米，最深达3000米。因此，有人形容它是“地球表皮上的一条大伤痕”。

有这么一条大伤痕，地球疼不疼啊？

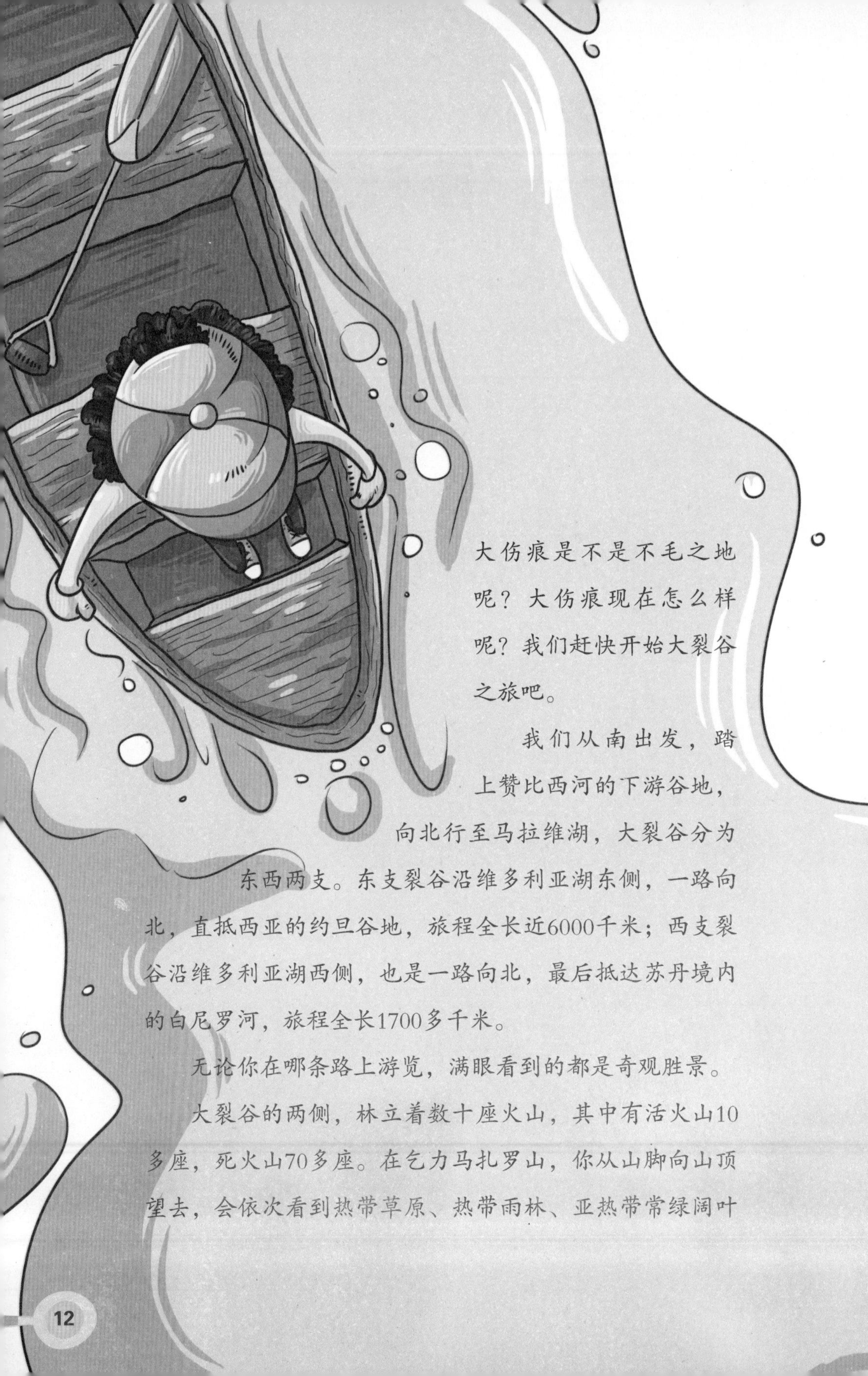

大伤痕是不是不毛之地呢？大伤痕现在怎么样呢？我们赶快开始大裂谷之旅吧。

我们从南出发，踏上赞比西河的下游谷地，向北行至马拉维湖，大裂谷分为东西两支。东支裂谷沿维多利亚湖东侧，一路向北，直抵西亚的约旦谷地，旅程全长近6000千米；西支裂谷沿维多利亚湖西侧，也是一路向北，最后抵达苏丹境内的白尼罗河，旅程全长1700多千米。

无论你在哪条路上游览，满眼看到的都是奇观胜景。

大裂谷的两侧，林立着数十座火山，其中有活火山10多座，死火山70多座。在乞力马扎罗山，你从山脚向山顶望去，会依次看到热带草原、热带雨林、亚热带常绿阔叶林、高山草地、荒漠和冰川同时出现的奇特景象；在尼拉贡戈火山，你会发现一个温度高得恐怖的岩浆湖（平均温度约1000℃，最高时达1350℃），湖中的岩浆红如钢水，沸腾不息，时而热浪翻滚，时而轰鸣大作，有时还会喷出几米高的岩浆柱……

大裂谷底部是开阔的平原、巨大的干涸沟谷，以及大大小小近30个湖泊。可以说，非洲大部分湖泊都集中在这里，其中有非洲最大的淡水湖维多利亚湖、世界第二深湖坦噶尼喀湖等。肯尼亚的纳库鲁湖也很特别，湖中长满了红藻，栖息着200多万只长着红色羽毛的火烈鸟。漫游在湖中，远望像红霞，是何其壮观啊！这个奇特的自然景观，被誉为“世界禽鸟王国中的绝景”。

草原也是大裂谷中的一道美丽的景观。这里的草原不仅面积大，而且几乎全部种类的非洲动物都集中在这里。

好了，我们的旅程结束了。你是不是还很留恋？

你见过“欧洲的巨龙”吗？

无论你是哪国人，只要到过这里的人，都会被它深深折服。它就是欧洲的巨龙——阿尔卑斯山脉。

早在7000万年前，阿尔卑斯山脉就诞生了。它是欧洲最高大、最雄伟的山脉，长1200千米，宽130～260千米，平均海拔约3000米，总面积约22万平方千米。它西起法国东南部的尼斯附近地中海海岸，东到维

也纳盆地，像一条巨龙一样穿越了法国、瑞士、德国、意大利、奥地利和斯洛文尼亚6个国家。

阿尔卑斯山脉不仅躯干高大、雄伟，四肢也是如此。它的四肢分别由东边的迪纳拉山、西边的比利牛斯山、南边的亚平宁山和北边的喀尔巴阡山组成。

阿尔卑斯山脉高峰林立，海拔4000米以上的山峰就有100多座。其中，最为引人注目的当属耸立于法国和意大利边境上的主

峰勃朗峰。勃朗峰也称白朗峰，最新海拔高度为4810.90米（2007年9月15日），是阿尔卑斯山脉的最高峰，也是欧洲最高峰，享有“欧洲屋脊”的美称。这里山势险峻，终年白雪皑皑，因此成为了许多登山、滑雪爱好者的挑战之地。

除了险峻的山峰，阿尔卑斯山脉吸引人的还有巨大的冰川容量了。阿尔卑斯山脉现有冰川1200多条，冰盖厚达1000米，总面积约4000平方千米，是欧洲最大的山地冰川中心。如此巨大的冰川容量，不仅孕育了许多欧洲名河，如莱茵河、多瑙河等，而且为欧洲各国提供了丰富的灌溉和发电等水利资源。

阿尔卑斯山既高大、雄伟，又有着巨大的冰川容量，真不愧是“欧洲的巨龙”啊！

地球上怎么会有"第三极"呢？

珠穆朗玛峰是世界第一高峰，海拔高达8844.43米(2005年10月9日），被誉为"地球之巅"，这是我们都知道的。可它还有一个创造性的称谓，即"地球的第三极"，这又从何说起呀？

8844.43m

你是不是很快就联想到了地球的南极和北极呢？南、北两极地区，尤其是南极，气候十分恶劣，冰雪、酷寒、大风时常出现。还有，就是活的生命极少。珠穆朗玛峰的情况与这两个地区非常相似：山上冰雪长年不化，冰川、冰坡、冰塔林随处可见；峰顶最低温度为−60℃，最低月平均温度为−35℃，全年平均温度为−29℃；峰顶空气稀薄；山上经常刮着七八级大风，十二级大风也不少见。你看看，除了珠穆朗玛峰，地球上还有什么地方可以与南、北两极地区的恶劣气候相比呢？

另外，珠穆朗玛峰作为地球上第一高峰，可以说是高到

了极点。所以，人们就将珠穆朗玛峰称为“地球的第三极”了。

把珠穆朗玛峰称为“地球的第三极”，还有另外一层意思，它表达着人们对珠穆朗玛峰的崇敬之情。比如，世界各地的登山者都把珠穆朗玛峰当作心中的圣殿，是终生渴望达到的终极目标。

巧克力山是个巨型巧克力吗?

香浓味美的巧克力，令人垂涎欲滴。如果说有一座巧克力堆起的山，你是不是会惊呼狂叫呢?

是的，真的有巧克力山，但它不是真的巧克力。

巧克力山是菲律宾保和岛中部、卡门附近的一处充满自然奇趣的景观。巧克力山不但不是巨大的巧克力，而且更不是指单一的一座山，它是由1268个像圆锥形的小山丘组成的山丘群，高度在40米～120米之间。为什么称它为巧克力山呢?请往下阅读，就会找到你要的答案。

巧克力山有许多奇怪的地方。例如：它是由石灰岩组成的，可是看不到在石灰岩地区形成的溶洞景观。巧克力山处在亚热带、热带地区，山上本来应该长树又长草的，但是它只长草不长树。并且，每到夏季和遇到干旱缺水时，山上的绿草因为受不了太阳的暴晒而会干枯，整个山体会变成暗褐色。这时，居高临下，一座座小山丘就像一排排巧克力，巧克力山就是由此得名。

奇特有趣的巧克力山是如何形成的呢？地质学家给出了各种各样的假说，如石灰岩风化、亚海洋火山的爆发、海床的隆升等。目前，最被人们接受的学说是，巧克力山是海底贝壳、珊瑚岩层以及黏土层在经历上千年海水冲刷，然后又在地质作用下上升后，便形成了现在的模样。

最近，又有一种解释：海底一座古老的火山爆发，大量岩石四散喷射，被石灰石覆盖堆积起来，露出了海面，于是就形成了巧克力山。究竟哪一种学说最科学，还是没有定论，科学家们仍在寻找着答案。

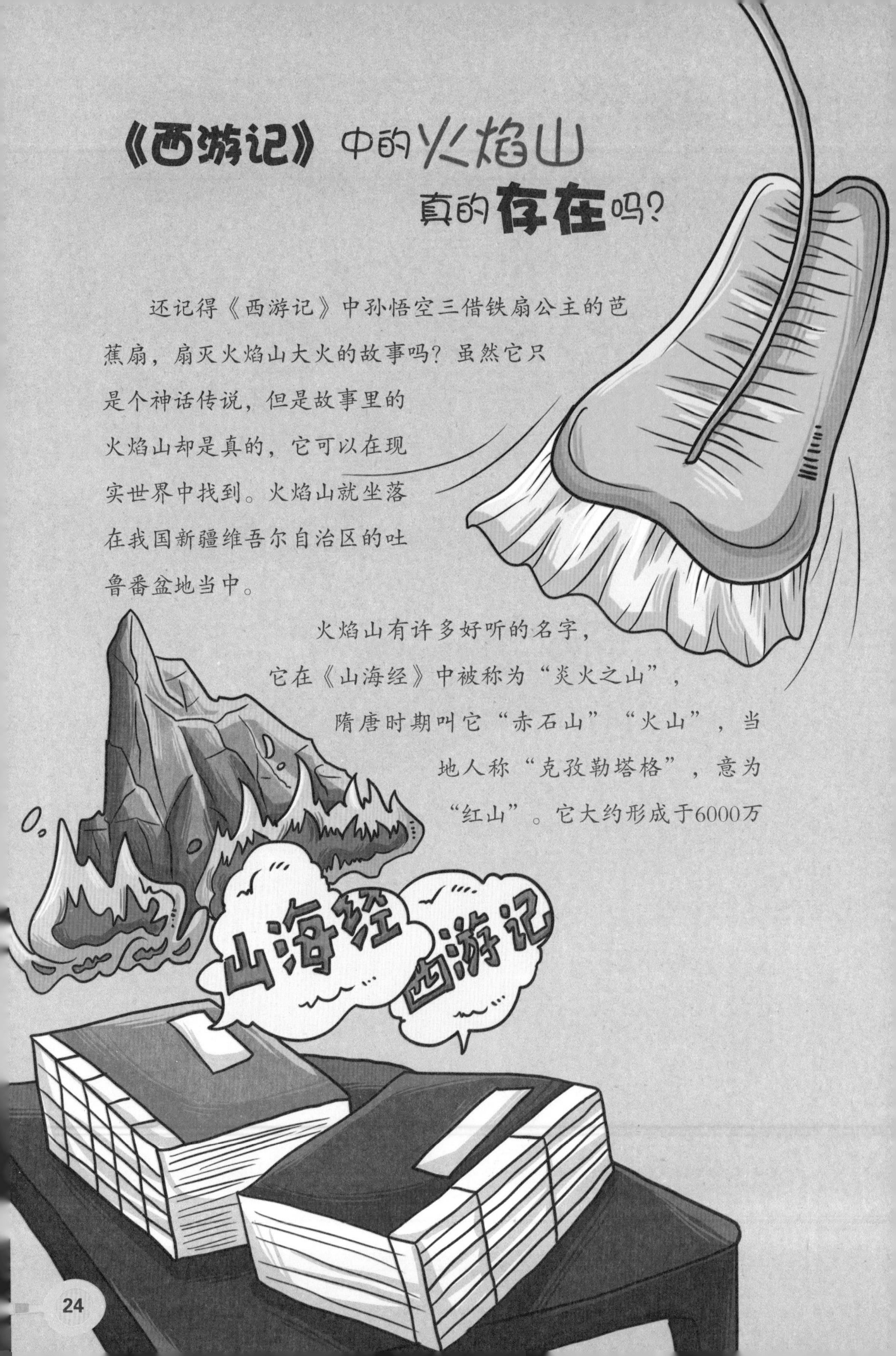

《西游记》中的火焰山真的存在吗？

还记得《西游记》中孙悟空三借铁扇公主的芭蕉扇，扇灭火焰山大火的故事吗？虽然它只是个神话传说，但是故事里的火焰山却是真的，它可以在现实世界中找到。火焰山就坐落在我国新疆维吾尔自治区的吐鲁番盆地当中。

火焰山有许多好听的名字，它在《山海经》中被称为“炎火之山”，隋唐时期叫它“赤石山”“火山”，当地人称“克孜勒塔格”，意为“红山”。它大约形成于6000万年前，东西长100千米，南北宽约10千米，海拔约500米。火焰山上光秃秃的，寸草不生，也没有什么动物。

火焰山的高温是出了名的，这是它最鲜明的特点。在炎热的夏季，山区平均气温为47.8℃，山顶高达80℃。这时，如果把一个鸡蛋埋在沙土里，它很快就会被烤熟哦！

要说火焰山处于温带地区，为什么会这么热呢？是因为地下有剧烈的岩浆活动吗？人们很好奇。经我国地质学家研究发现，原来是火焰山中蕴藏着大量煤层。这里的煤层厚达11米，

它们会在高温下自己燃烧起来。有如此多的煤自燃，能不热吗？

火焰山虽然很热，但就是因为热得神奇，反而成为了新疆旅游的一颗明珠，受到中外游客的分外青睐。在灼热的阳光照射下，你会看到，火焰山上红色砂岩熠熠发光，炽热的气流滚滚升腾，红色烟云四处缭绕，犹如团团烈焰在燃烧。

是不是很想去看看传说中的火焰山呢？还等什么，我们赶快出发吧。但是，你要记得带上防晒用品，以及清热、防暑的药物或冲剂哦。

石头为什么会唱歌呢？

“有一个美丽的传说，精美的石头会唱歌……”听，蒋大为老师的歌声是多么动听啊！听着《有一个美丽的传说》，也许你会问：石头会唱歌，只是传说吗？会不会是真的呢？如果真有会唱歌的石头，那该有多好啊！告诉你一个好消息，现实世界中真的有会唱歌的石头。它在哪呢？我们快去看看吧！

在美国的宾西法尼亚州，有一个奇怪的地方，没有生长任何植物，只是散落着大大小小的看起来没什么特别的石头。可正是这些普通的石头，使这个地方远近闻名，因为它们会“唱歌”！这里的石头受到小锤轻轻敲击后，就会发出悦耳的回音，并且每块石头发出的声音都不一样。据说，有人曾在这里的石头上敲出了《蓝色的多瑙河》等

世界名曲。好神奇啊！

通常，石头是不会发出声音的，当我们敲击它们时，发出的声音很单调，无论如何是不会“唱歌”的。那么，宾西法尼亚州的石头为什么会唱歌呢？

其实，这里的石头虽然都是由灰绿色岩石构成的，但并不是所有的石头都会发出回声，仅有三分之一会发出回声。于是，有人认为，会发回声的石头内部可能含有某种特殊物质。

有人把这里的石头移到别处，就再也敲不出优美的歌声了。人们据此推测，石头发音的奥秘不在本身，很可能在于当地的地理构造。

还有，据一对儿在这里生活了几十年的老夫妇说，这

里原来只有两三块石头，后来就逐渐多了起来，直到现在这个样子。他们还说，经常在夜里看到一个奇怪的蛋状物在石头上空飞来飞去，并放出橘红色的光芒。有人猜测这可能是飞碟，也有人认为是地光，当然还有人认为这不过是一种幻觉。难道这些石头是外星人扔来的？

最近，这里又发现许多奇怪的现象，如很少有动物生活在这里，这里的温度比周围地区要高，指南针在这里也会失灵等。

宾西法尼亚州的石头“唱歌”的真相究竟是什么，至今在科学界仍然是个谜，还需要人们继续探索。

通往地狱的大门在哪里？

1971年，一批苏联地质学家在土库曼斯坦达瓦扎地区勘探时，惊喜地发现这里蕴藏着丰富的天然气，于是兴奋地带领着钻探队开始开采了。谁料，由于钻探队员的大意，钻头不慎与地下岩石擦出火花，直接引燃了地下的天然气，刹那间烈火熊熊，地面塌陷，一个巨大的火坑出现了。这个火坑就是著名的达瓦札巨洞。

看着浓烟滚滚的火坑，地质学家和钻探队一时间无法控制，全都傻眼了，不得不选择放弃。

为了使有毒气体不泄漏出来，他们只能眼睁睁地任凭天然气燃烧着。

人们以为火坑里的大火烧两三天就会熄灭了，没想到它从白天燃烧到晚上，至今已经整整42年了，依然没有停息的意思。由此，当地人认为这大火是“地狱之火”，将

火坑称为“地狱之门”。

可能好奇的你要问，现在科技这么发达，为什么还是没有办法开采达瓦扎巨洞里的天然气呢？一是因为没有足够的输送或储藏设备，只好任其燃烧，更何况这里的天然气蕴藏量超多；二是因为堵不住，大火直径约70米，人很难接近，出于安全考虑，让它持续燃烧比聚集大量气体后产生爆炸好得多。

夜晚，达瓦扎巨洞依然在燃烧，巨大的火焰形成了金色的光圈……

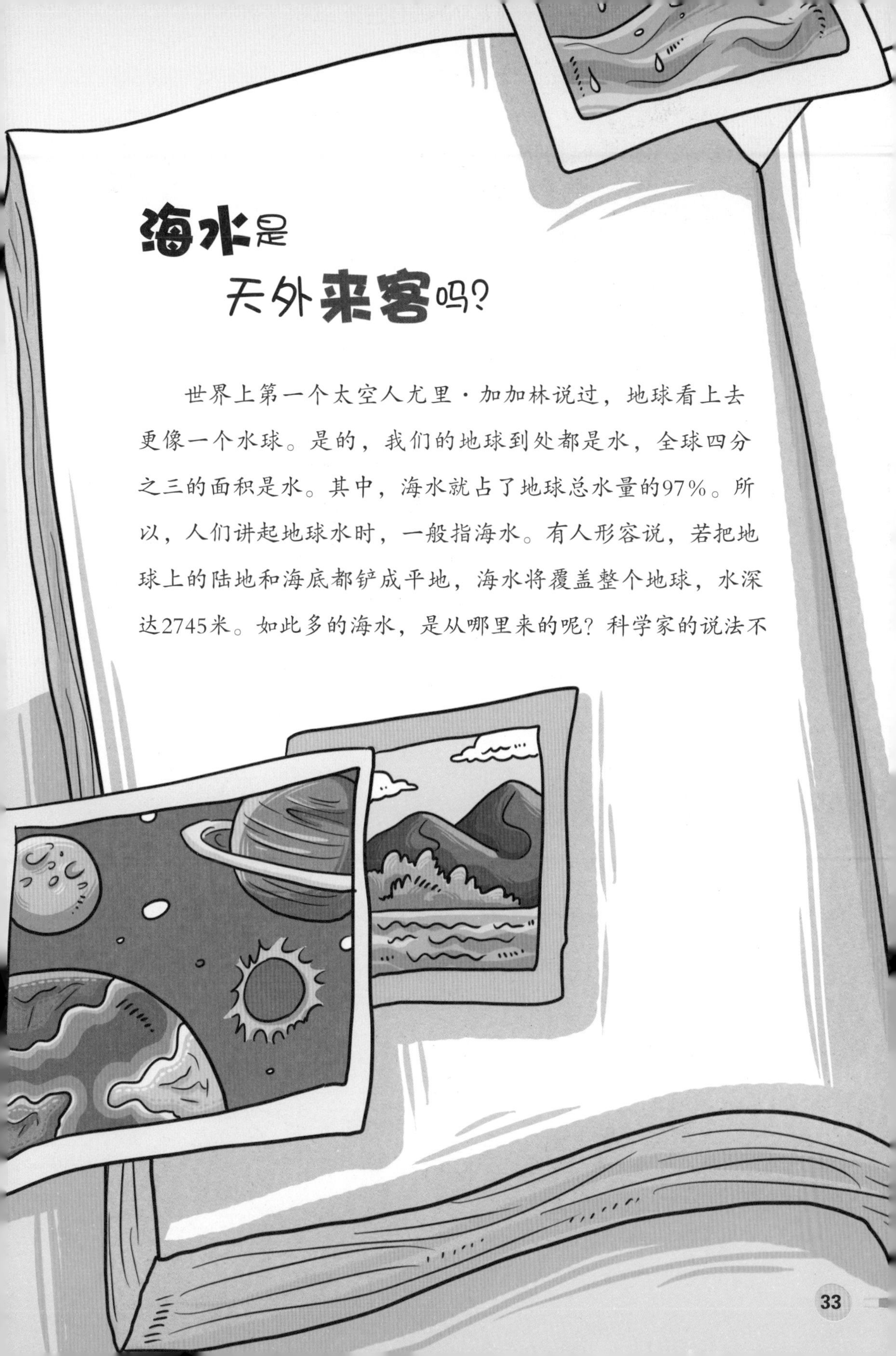

海水是天外来客吗？

世界上第一个太空人尤里·加加林说过，地球看上去更像一个水球。是的，我们的地球到处都是水，全球四分之三的面积是水。其中，海水就占了地球总水量的97%。所以，人们讲起地球水时，一般指海水。有人形容说，若把地球上的陆地和海底都铲成平地，海水将覆盖整个地球，水深达2745米。如此多的海水，是从哪里来的呢？科学家的说法不

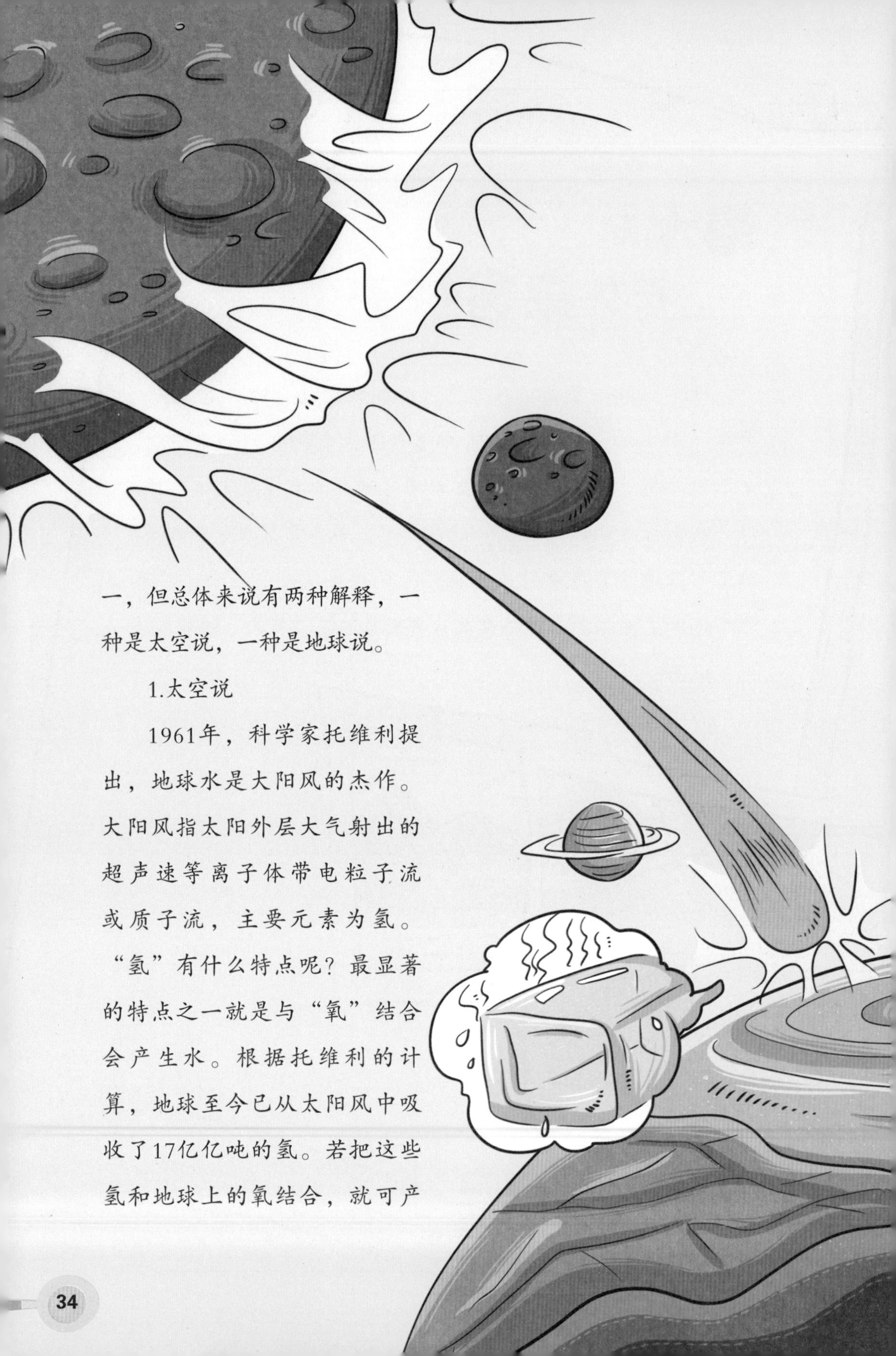

一，但总体来说有两种解释，一种是太空说，一种是地球说。

1.太空说

1961年，科学家托维利提出，地球水是太阳风的杰作。太阳风指太阳外层大气射出的超声速等离子体带电粒子流或质子流，主要元素为氢。“氢”有什么特点呢？最显著的特点之一就是与“氧”结合会产生水。根据托维利的计算，地球至今已从太阳风中吸收了17亿亿吨的氢。若把这些氢和地球上的氧结合，就可产

生153亿亿吨水。这个数字与现在地球水的总重量136亿亿吨十分接近哦。

1987年，坚持太空说的另一位科学家弗兰克提出，地球水来自由冰组成的彗星。弗兰克解释说，在远古时期，有一些由冰块组成的小彗星撞入地球，它们与大气层摩擦生热转化成了水蒸气，随后聚集成气体水云，最后凝结成雨水降至地面。弗兰克还推测，当时每分钟约有20颗平均直径为10米的冰彗星撞入地球，每颗冰彗星约释放出100吨水。

地球水是不是来自冰彗星呢？1998年，美国科学家在打开一块彗星陨石时，发现了少量的盐水水泡。随后，他们又在另一块彗星陨石里发现了奇怪的紫色晶体，而这些晶体里竟然有水！这样的解释可以让你信服吗？

2.地球说

最早人们认为，地球水是固有的，即原始地球构成岩石初期，就含有大量的水分。后来，随着地球不断进化，岩石中的水分就不断逃了出来，从而形成了水。人们亲切地称呼

这些水为“地球的初生水”。

地质学家弗·奥尔列诺克进一步完善了地球说，他认为，约在6000多万年前，来自地球内部的水最终汇成了海水。奥尔列诺克的依据是，各个时期的海水水量与地球上所有消耗的水大致是相等的。

海水到底是来自天上，还是来自地下呢？太空说和地球说似乎都很有道理，但还是让人难以彻底信服。看来，要揭开谜底，还需科学家继续努力哦。

水可以燃烧吗？

水火不相容，是人人皆知的自然规律。然而，大千世界无奇不有，水燃烧的故事确实发生过。

1973年的一天，印度东南部孟加拉湾附近，突然刮起了猛烈的飓风，顿时海浪滔天，海面上居然燃起了熊熊大火，火光映照数十千米，场景惊心动魄，令人目瞪口呆。

1976 年，大西洋亚速尔岛西南的海面上也发生了海水燃烧事件。据法国气象工作者的描述，“一排排山峰般的巨浪上，燃烧着通天大火”。

两起海上大火发生时，附近并没有发现石油、天然气泄漏的现象，海水却莫名奇妙地着火了，难道水真的可以燃烧？怎么可能，原因究竟是什么呢？

原来，纵火犯是飓风。当飓风在海面上以70米/秒的速度行驶时，在与海水摩擦后，能够产生巨大的力量，使水分子中的氢原子和氧原子分离，再加上空气中氧气的助燃，便使海水燃烧起来了。

水真的可以燃烧啊！现在，人类用于燃烧的煤、石油、天然气等能源日益枯竭，如果能够把大量的海水用作日常燃料那该有多好啊！看了上面海火发生的原因，你是不是也有这样的启发呢？

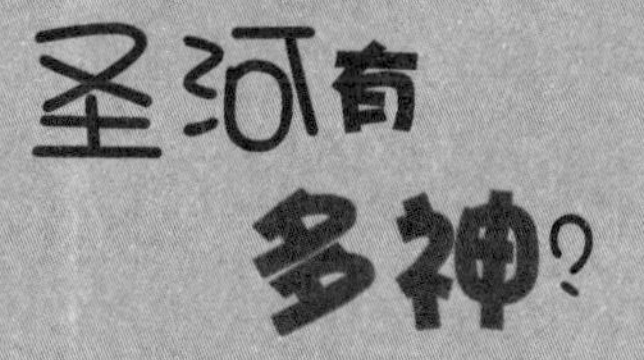

圣河有多神？

印度是创造人类文明的四大古国之一，而印度文明发源于恒河。千百年来，恒河用它甘甜的乳汁滋润着印度大地，哺育了千千万万印度儿女，浇灌出了灿烂的恒河文明。因此，印度人民尊称它为“圣河”和“印度的母亲”。

在印度，恒河被奉若神明，有着无可比的地位。几乎所有印度人都相信：圣河的水是圣洁之水，可以祛病消灾，可以延年益寿，可以洗去心中的罪孽；如果虔诚地朝拜圣河，来世必将得到福报。因此，印度人都有个相同的夙愿，就是在圣水中沐浴，饮用圣水和朝拜圣河。

恒河真有这么“神”吗？我们无法考证，但它确实有点神。

每年恒河盛会，众多朝圣者在河水中沐浴。由于人们的频繁朝圣活动，恒河河水久而久之难免受到污染。2007年，恒河就曾被评为世界污染最严重的十大河流之一。

但是，奇怪的事情发生了。人们发现，恒河河水变脏后，不久又会和往常一样新鲜。有一位法国医生，在检验恒河中漂浮的痢疾和霍乱病尸体时，惊讶地发现，尸体下方本来应该被病菌污染的河水，居

然一点也没有受到污染。后来，这位医生将培养的痢疾菌和霍乱菌注入恒河水中，没想到几天后，病菌居然全部死光了。还有一位英国医生，曾把恒河的水千里迢迢带回家乡，结果河水甚至比以前还要新鲜一些。

另外，常年在恒河沐浴的人，大多长寿，并且很少患病。

恒河的水为什么会如此之神呢？它真的有神力吗？科学家研究发现，原来是因为恒河水中含有放射性矿物质铋214，它几乎能杀死河水中所有的细菌。另外，恒河水中生存着一种特殊的噬菌体，可以附在细菌的细胞壁上并把细菌吃掉。最近，科学家又发现，恒河的水有较高的含氧量，使疟原虫等害怕氧的致病微生物难以生存。这样，恒河一旦受到细菌侵害，细菌很快就会被杀死，河水因此又变干净了。原来是这样啊，真神奇！

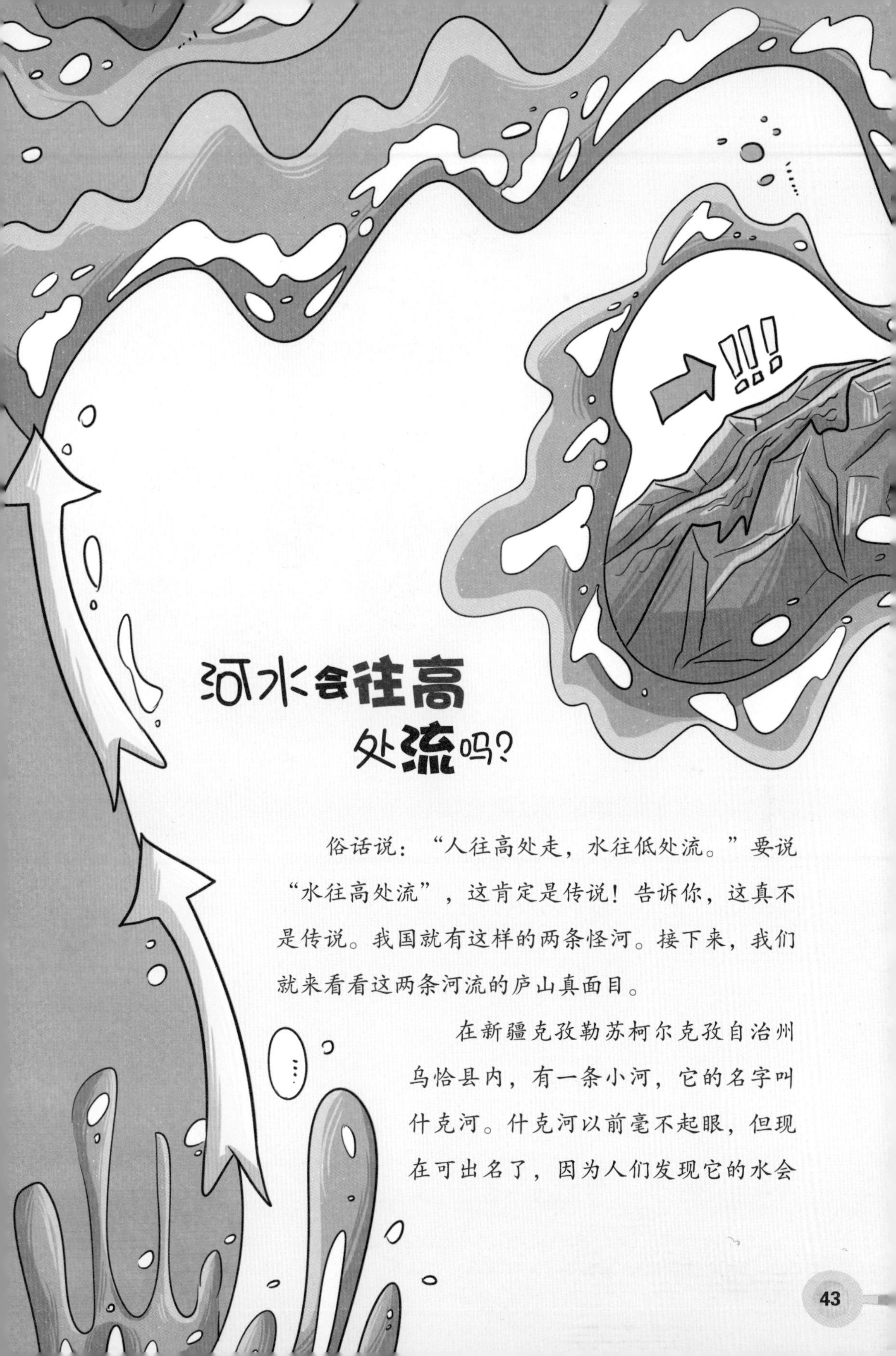

河水会往高处流吗？

俗话说：“人往高处走，水往低处流。”要说“水往高处流”，这肯定是传说！告诉你，这真不是传说。我国就有这样的两条怪河。接下来，我们就来看看这两条河流的庐山真面目。

在新疆克孜勒苏柯尔克孜自治州乌恰县内，有一条小河，它的名字叫什克河。什克河以前毫不起眼，但现在可出名了，因为人们发现它的水会

向上流。人们惊奇地看到，什克河水从低洼处流出，然后竟沿着河旁的小山坡缓缓向上流动，渐渐地，居然爬上了十几米高的小山坡。测量人员曾测出，小山坡的高度要比什克河的源头高14.8米。在山坡上转了两个弯后，什克河水终于变回一般水流的样子，向低处流去了。

对于什克河的奇怪现象，物理学家根据“物质的密度越大，引力越强”的道理推测，什克河下面有一块密度很大的巨石或空洞，就像磁铁一样在吸着河水往高处流。这是真的吗？这种假设目前仍在证实中。

相比什克河，洛阳新安县的龙潭大峡谷名声就大多了。它是经过了12亿年的地质沉淀和260万年的水流切割旋蚀所形成的高峡瓮谷。享有“古海洋天然博物馆”和“黄河山水画廊”等美名。

行走在龙潭大峡谷中，形态各异、惟妙惟肖的五百罗汉，世界上最大的“搓板”波纹巨石，高达百余米的天碑等奇观美景，令你应接不暇，目瞪口呆。也许你还来不及震惊，又一奇观让你都不敢相信自己的眼睛：在峡谷的中段，50多米长的水流竟然由低处缓缓流向高处！很多游客走到这里，都会反复揉着自己的眼睛，认为是自己的视力出了问题。而一些对于方向特别敏感的游客走到这里，却出现了头晕、心慌的症状。

对于龙潭大峡谷这一奇观，许多地质、物理、生物、地理、化学等方面的专家和学者从视角、心理、地势等方面做了各种各样的解密，但都难以让人信服。至今，这个“谜”尚未揭晓。

大自然真是让人捉摸不透啊，河水真的是会往高处流。

太湖是天外飞石“砸”出的吗?

提到太湖，无人不晓。太湖，古称震泽、具区、笠泽和五湖等，位于江苏省南部，是我国五大淡水湖之一，水面达2452平方千米。太湖孕育了富饶的“江南水乡”，使流经的区域成为了当今中国经济最发达的地区之一，对全国经济发展的影响举足轻重。

然而，关于太湖是如何形成的，一直是个谜，众说纷纭，难以定论，主要有潟湖说、洼地积水说、构造说、火山喷爆说和气象说等。

最近，太湖又有一个很热门时髦的说法：太湖是陨石“砸”出来的！

2003年，陨石爱好者王金来和王家超在太湖周边游玩，在太湖的淤泥中意外地发现了一些含铁的石棍——带孔的好像炼铁的炉渣，以及一些形状像人或动物的石头，他们怀疑是陨石，于是多方请教专家。

2009年，陨石专家王鹤年、谢志东、钱汉东等经过多种方法测定和研究，最终确定：太湖石棍为陨石，太湖是陨石撞击形成的。根据研究成果，专家们大胆假设：距今约5000万年前，一颗巨大的陨石

从天外飞来，以相当于1000万颗广岛原子弹爆炸的巨大冲击，正好撞到现在太湖的位置上，“砸”出了太湖。

这个假设能让人信服吗？目前，地质学家们仍然在搜集着更为确凿的证据，相信不久的将来，太湖的身世之谜一定会被揭开。

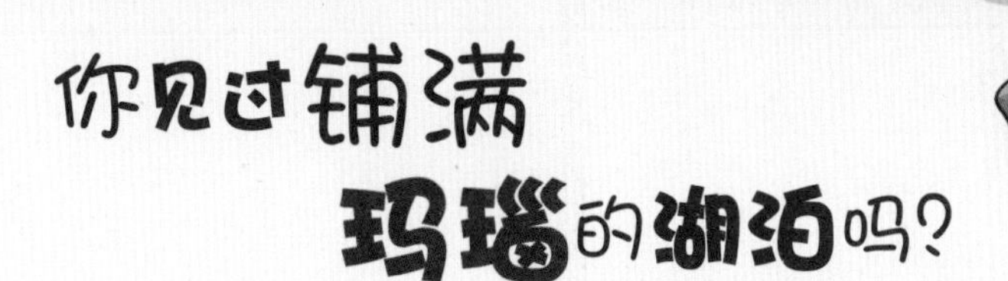

你见过铺满玛瑙的湖泊吗？

对于玛瑙，我们并不陌生，但是你见过铺满玛瑙的湖泊吗？你一定不敢相信，在我国内蒙古巴彦淖尔市和阿拉善盟相毗邻的巴音戈壁滩上，居然发现了一个遍地是玛瑙的湖泊，人们因此叫它“玛瑙湖”。

玛瑙湖总面积约4万平方千米，虽然它的名字带“湖”，但湖里滴水不见，而是一眼望不到边的色彩斑斓的玛瑙，白的、淡黄的、橘黄的、灰的、红的、黑的，大者如拳，小者似豆，圆润可爱，晶莹透亮。其中，世界上最昂贵的“玛瑙雏鸡”就发现于此。

“玛瑙雏鸡”看似一块鸡蛋形的普通玛瑙石，但用激光照射里面，你就会发现一只“活生生”的小鸡！这只小鸡，有洁白的羽毛，黄黄的鼻子，红红的小嘴，黑眼睛正好奇地向外面探望着……真是太神奇了！专家鉴定，这只“玛瑙雏鸡”价值1.3亿元。

除了玛瑙这种宝石外，玛瑙湖中还有蛋白玉、风凌石和水晶石等其他宝石，其中碧玉最多，有红的、天蓝的和深蓝的。

在荒凉的戈壁滩上，为什么会出现这个让人爱不释手的玛瑙湖呢？瑰丽多姿的宝石是如何形成的呢？对此，人们形成了两种认识。

一种认识是大约在1亿年前，这里是一片汪洋大海，后来由于地壳运动，湖水下沉消失，岩层形成并上浮。经过长期风蚀、淋蚀等作用，

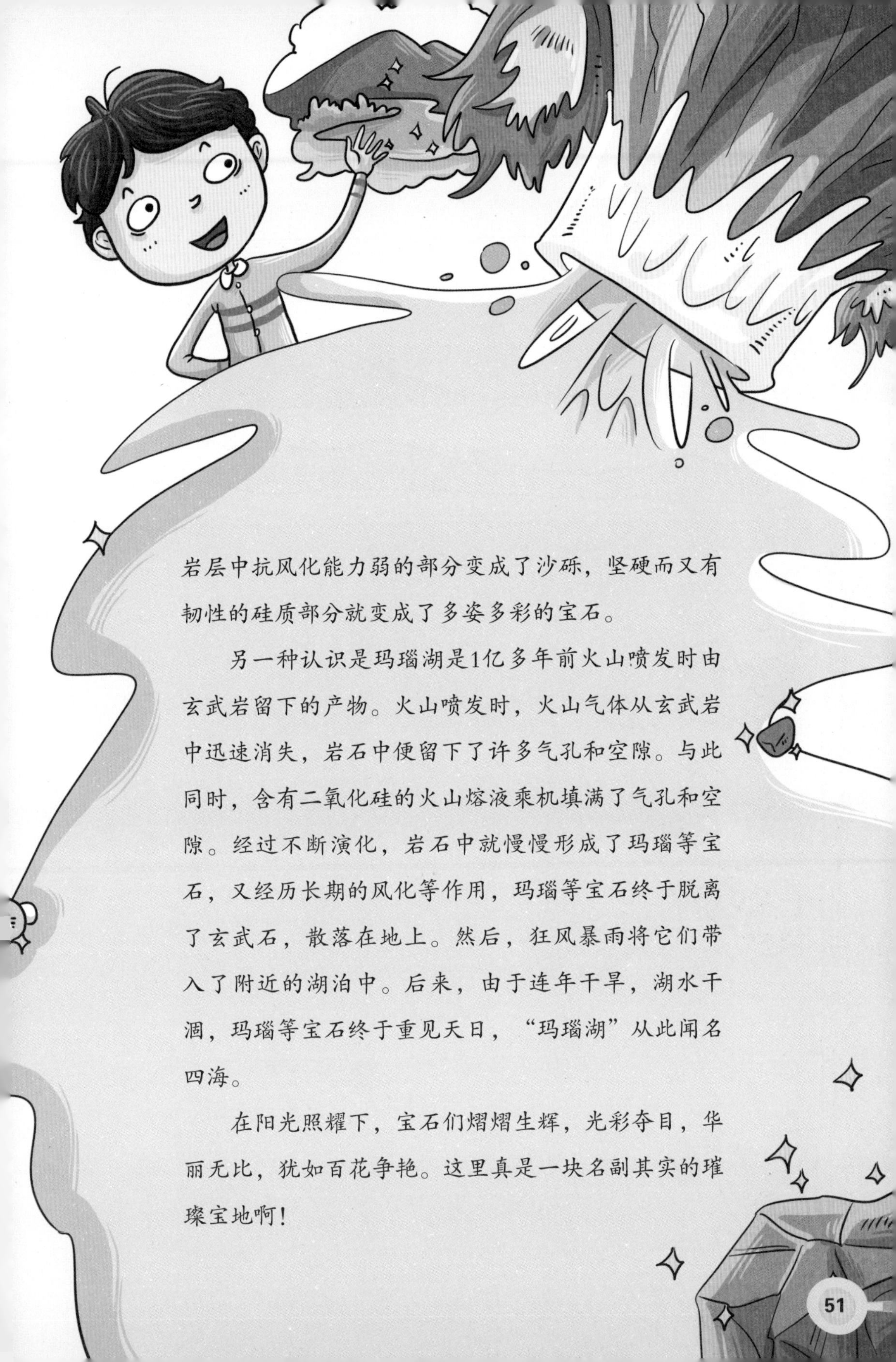

岩层中抗风化能力弱的部分变成了沙砾，坚硬而又有韧性的硅质部分就变成了多姿多彩的宝石。

另一种认识是玛瑙湖是1亿多年前火山喷发时由玄武岩留下的产物。火山喷发时，火山气体从玄武岩中迅速消失，岩石中便留下了许多气孔和空隙。与此同时，含有二氧化硅的火山熔液乘机填满了气孔和空隙。经过不断演化，岩石中就慢慢形成了玛瑙等宝石，又经历长期的风化等作用，玛瑙等宝石终于脱离了玄武石，散落在地上。然后，狂风暴雨将它们带入了附近的湖泊中。后来，由于连年干旱，湖水干涸，玛瑙等宝石终于重见天日，“玛瑙湖”从此闻名四海。

在阳光照耀下，宝石们熠熠生辉，光彩夺目，华丽无比，犹如百花争艳。这里真是一块名副其实的璀璨宝地啊！

南极"暖湖"的水温有多高?

众所周知，南极洲是世界上最寒冷的地方，年平均气温-25℃，最低温度低达-90℃，但就是在这片白色的大陆上，神奇地出现了一个温暖的湖泊——范达湖。真是让人难以置信啊！

1960年，日本科学家考察范达湖时，惊奇地发现，湖水很温暖。日本科学家详细记录了范达湖的水温及变化：2～4米厚的冰层下，水温0℃左右；15米处，水温7.7℃；40米处，水温缓慢升高；50米处，水温加剧升高；68.8米的湖底，水温高达25℃（有的科学家测得27℃），这与温带地区的海水温度差不多。他

25℃
68.8m

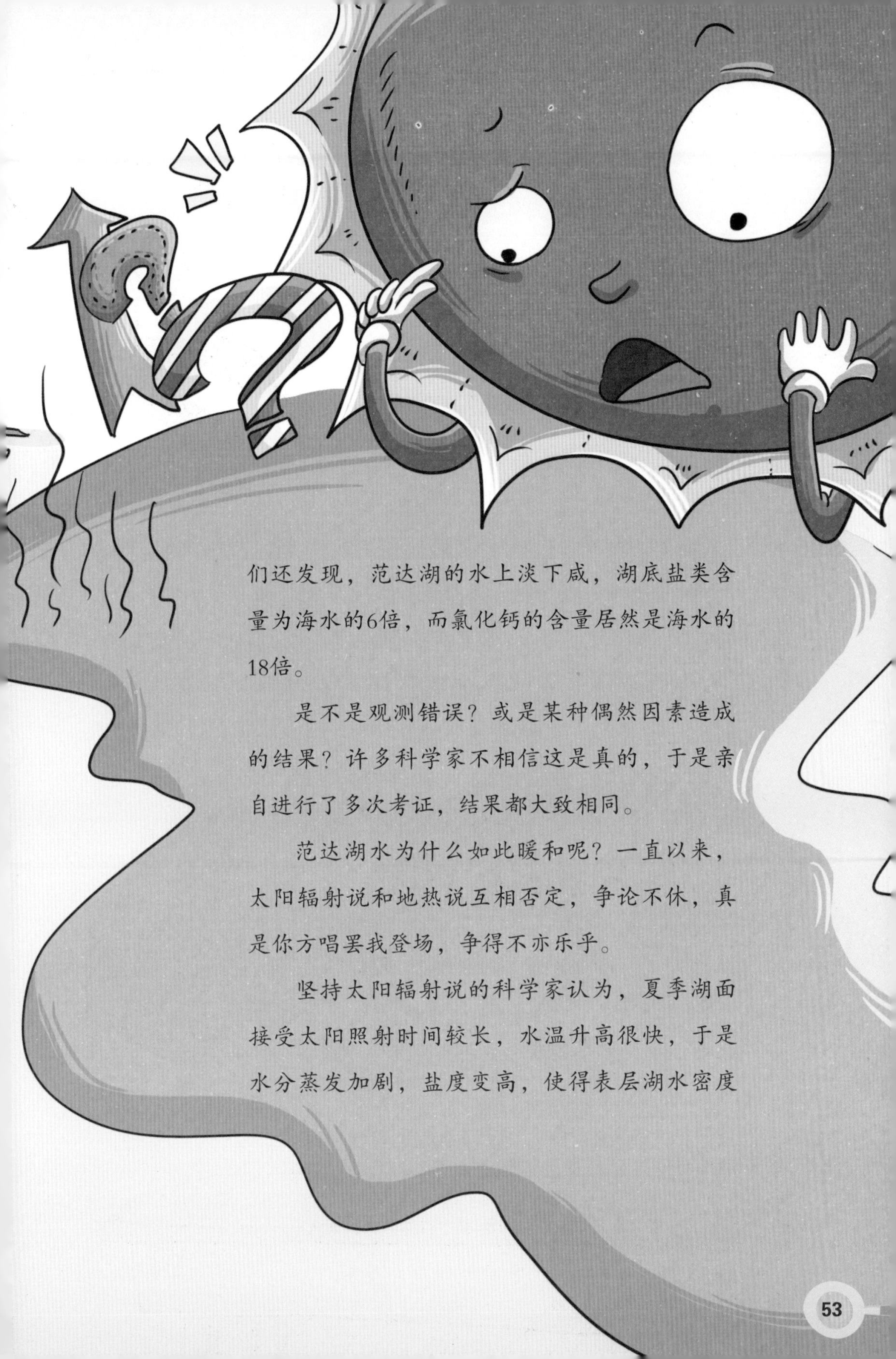

们还发现，范达湖的水上淡下咸，湖底盐类含量为海水的6倍，而氯化钙的含量居然是海水的18倍。

是不是观测错误？或是某种偶然因素造成的结果？许多科学家不相信这是真的，于是亲自进行了多次考证，结果都大致相同。

范达湖水为什么如此暖和呢？一直以来，太阳辐射说和地热说互相否定，争论不休，真是你方唱罢我登场，争得不亦乐乎。

坚持太阳辐射说的科学家认为，夏季湖面接受太阳照射时间较长，水温升高很快，于是水分蒸发加剧，盐度变高，使得表层湖水密度比下层高，从而引起较温暖的表层湖水沉至湖底，湖底水温于是变高。另外，湖底水因为有表层湖水保护，散热很少，所以水温很高。

坚持地热说的科学家认为，范达湖附近的默尔本火山和埃里伯斯火山的地下岩浆活动很剧烈，是它们产生的高地热温暖了范达湖。

尽管两种学说说得都很有道理，但它们总是被对方找出漏洞，如否定太阳辐射说的“南极夏季日照时间虽然长，但阴天非常多”，“暖水下沉后，必然使整个水层的水温升高，而不仅仅是底层的水温升高”等；否定地热说的有“范达湖下面并没有地热活动”等。总之，谁也别想站住脚！

至今，范达湖的奇怪水温仍然是个谜。谁能解开这个谜呢？

冰岛上为什么有许多温泉？

北欧的冬天，海风刺骨，十分寒冷。但是，有一个地方并不冷，它就是冰岛。行走在冰岛的大地上，你随处可见热气腾腾的温泉。那一缕缕从温泉中袅袅升腾的白烟，游走在山峦、冰原间，就像热情的主人在接待贵客。冰岛上为什么会有许许多多的温泉呢？你一定迫切地想知道是怎么回事吧，我们赶快去冰岛看看吧。

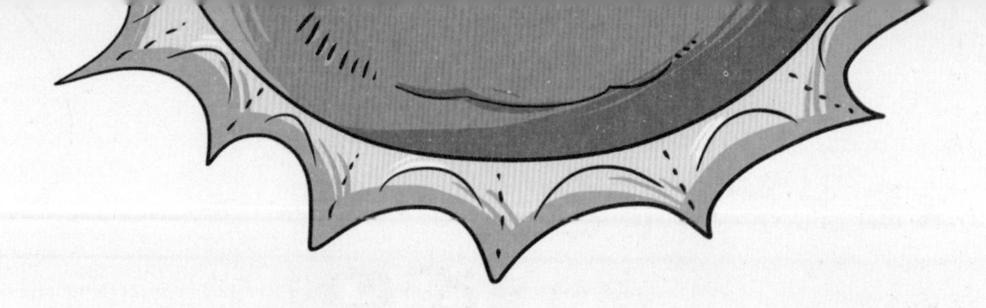

冰岛，英文名Iceland，意为“冰冻的陆地”。它在北纬66度，靠近北极圈，给人的感觉是个常年冰天雪地的荒野大陆，可它偏偏不是这样的。由于受北大西洋暖流的影响，它的夏季是满山遍野的黑草莓，冬季气温只在0℃左右，并不是想象中的那样严寒难耐。还有一个重要原因，就是冰岛的地下翻滚着炽热的岩浆，这也使它成为了世界上火山最多和温泉最多的地方。这里有200多座火山，其中活火山有30多座，活动相当频繁，平均每5年就有一次火山爆发。这里的温泉更多，数上名的就有800多处，世所罕见。其中，蓝湖和盖策喷泉最为闻名。

蓝湖是冰岛上最大的温泉，位于首都雷克雅未克东南。蓝湖湖水呈碧蓝色，水中含有许多有独特疗效的矿物成分，可以舒解人的精神压力。蓝湖的湖底有一种奶白色的火山泥，涂在人的皮肤上，有美颜、消炎、止痒的功效。因此，人们常把蓝湖称作“天然的美容院”，纷纷到此一“泡”，还把自己涂得像个泥人

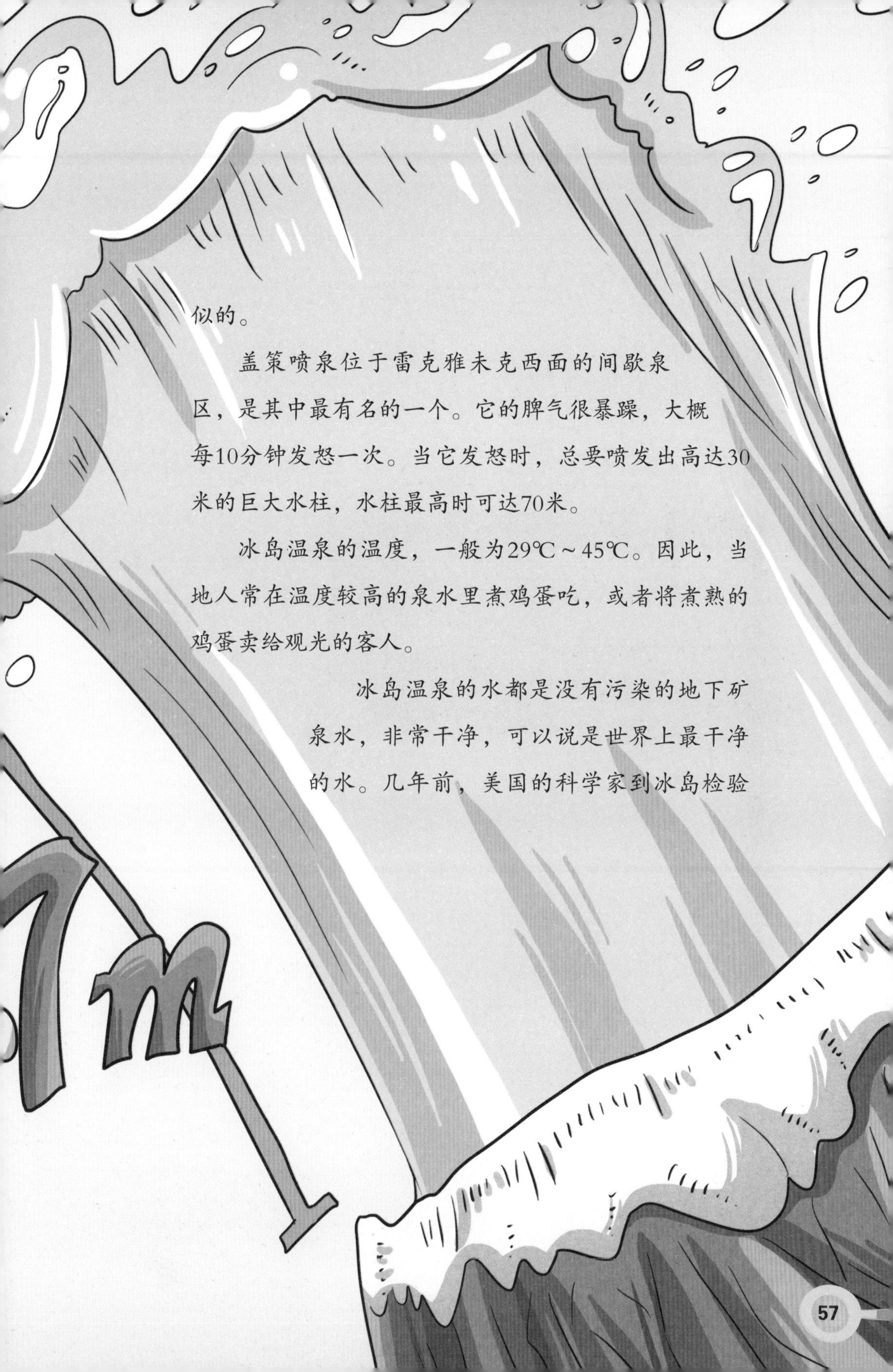

似的。

盖策喷泉位于雷克雅未克西面的间歇泉区，是其中最有名的一个。它的脾气很暴躁，大概每10分钟发怒一次。当它发怒时，总要喷发出高达30米的巨大水柱，水柱最高时可达70米。

冰岛温泉的温度，一般为29℃~45℃。因此，当地人常在温度较高的泉水里煮鸡蛋吃，或者将煮熟的鸡蛋卖给观光的客人。

冰岛温泉的水都是没有污染的地下矿泉水，非常干净，可以说是世界上最干净的水。几年前，美国的科学家到冰岛检验

当地水的洁净度。结果，科学家惊奇地发现，水中居然一点杂质都没有。

你还等什么，是时候泡个热乎乎的冰岛温泉澡了！

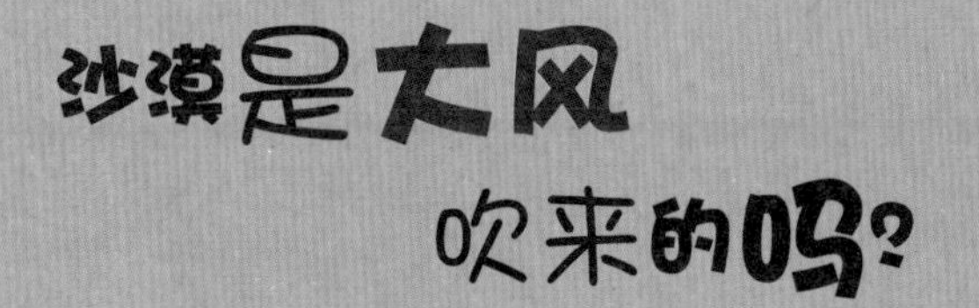

沙漠是大风吹来的吗？

沙漠，通常是指地面完全被沙覆盖、动植物非常稀少、降雨很少、空气干燥的荒芜地区。除南极洲外，地球上各大洲都是沙漠繁衍的乐土，它约占地球陆地总面积的30.3%。如此广泛的沙漠究竟是如何形成的呢?

要形成沙漠，一定要有沙，它是最基本的原料。没有它，就成“无米之炊”了。

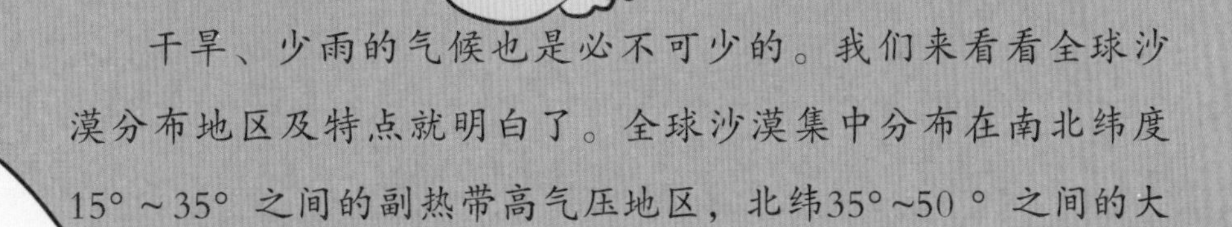

干旱、少雨的气候也是必不可少的。我们来看看全球沙漠分布地区及特点就明白了。全球沙漠集中分布在南北纬度15°～35°之间的副热带高气压地区，北纬35°~50°之间的大

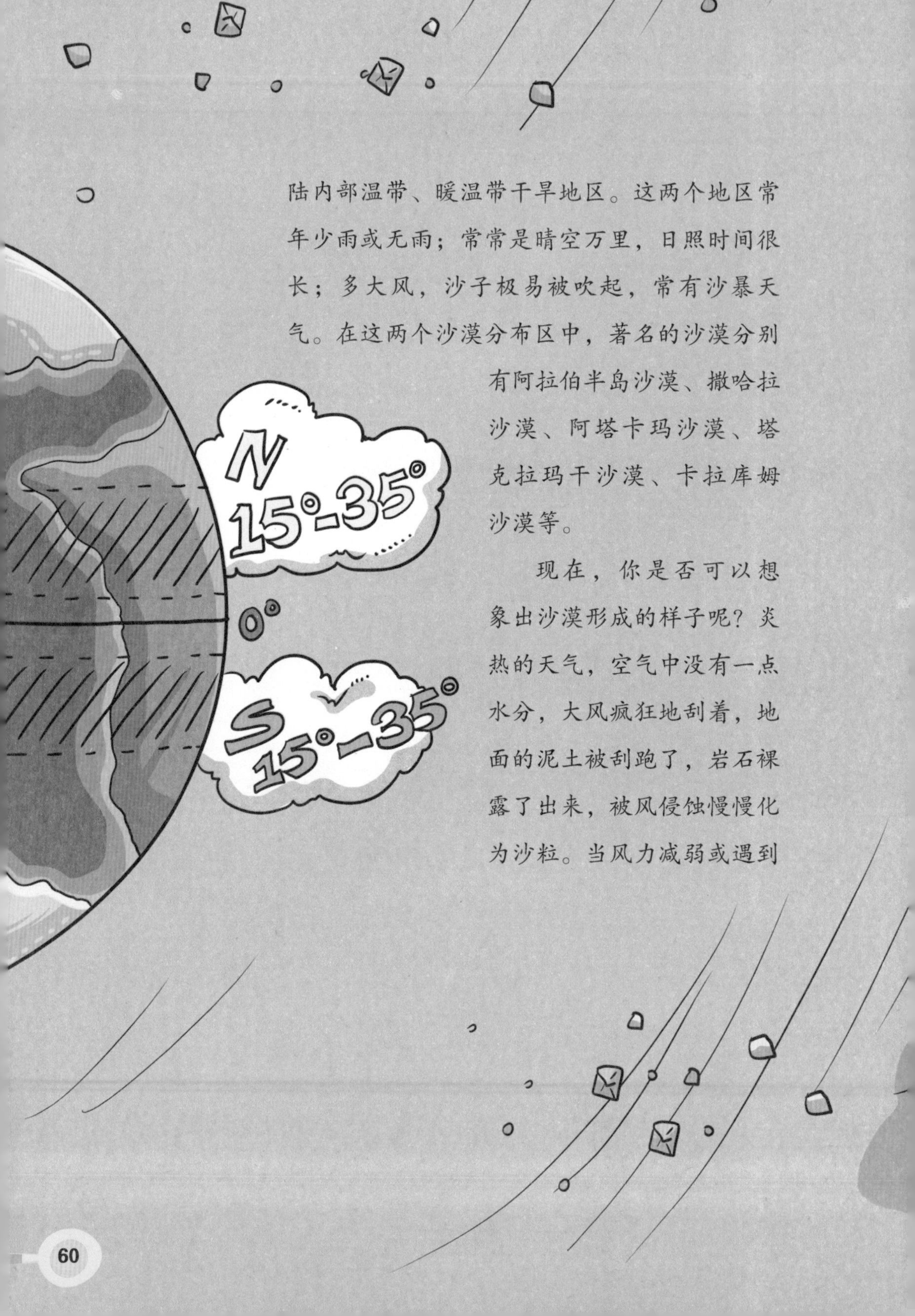

陆内部温带、暖温带干旱地区。这两个地区常年少雨或无雨；常常是晴空万里，日照时间很长；多大风，沙子极易被吹起，常有沙暴天气。在这两个沙漠分布区中，著名的沙漠分别有阿拉伯半岛沙漠、撒哈拉沙漠、阿塔卡玛沙漠、塔克拉玛干沙漠、卡拉库姆沙漠等。

现在，你是否可以想象出沙漠形成的样子呢？炎热的天气，空气中没有一点水分，大风疯狂地刮着，地面的泥土被刮跑了，岩石裸露了出来，被风侵蚀慢慢化为沙粒。当风力减弱或遇到

障碍时，沙子堆成了一个个沙丘，覆盖住地面，慢慢扩大，广袤千里的沙漠出现了。

除了自然界的原因，人为的原因也可以导致沙漠形成，如乱伐森林、破坏草原、不合理的农垦等。

现在，沙漠仍以每年6万平方千米的速度扩大着，我们一定要提高警惕啊。

“死亡陷阱”有多可怕？

炙烤的烈日，浩瀚的沙漠，一支驼队缓缓前行，天际回荡着悦耳的驼铃声。突然，驼队不慎踏入了流沙区，平静的沙子顿时翻滚起来，像吸血鬼一样张开大嘴，用力吸着到手的猎物。主人与骆驼拼命挣扎着，却越陷越深。最后一声驼铃滑过沙漠，驼队被吞噬得无影无踪。

这个流沙噬人的场景，经常出现在电影、电视中，让人不寒而栗。

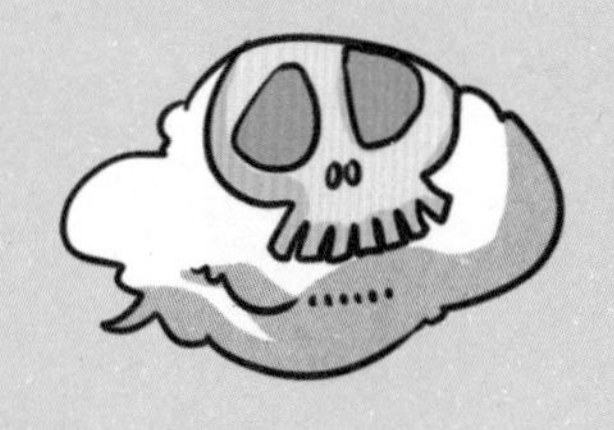

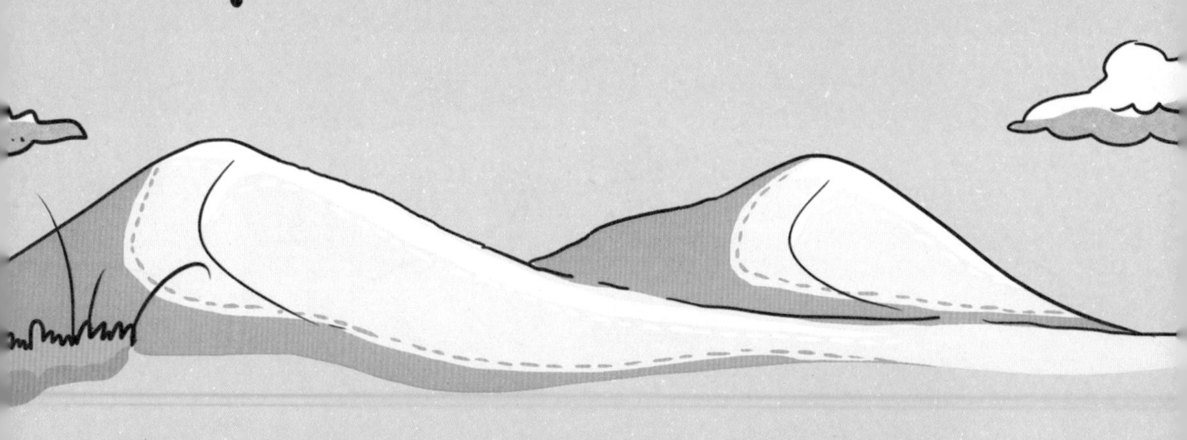

流沙是普通沙土和水的混合物，具有一定的流动性。它是沙漠或沙滩地区最危险的陷阱，一旦陷入其中，往往无法自拔。因此，人们将流沙称为“死亡陷阱”。

难道遇上流沙，只能坐以待毙吗？当然不能。

假如被流沙陷住，你可以这样做：不要换气，快速平躺在沙面上；一旦双脚下陷，将身体后倾，轻轻躺下，展开双臂，要努力让两腿分开；扔掉身上携带的重物；用慢慢滚动或全身伏地缓慢爬行的方式，使自己移动到安全位置；不要慌张，因为移动数米，也许要花一个小时，甚至更长时间；如果有救援，应该尽量节省体力，躺着不

动。这样，你就能逃出“死亡陷阱”了。

其实，最重要的是防患于未然。例如：当你在沙地上行走时，最好带一根手杖探路，也可以采取“投石问路”的方法；如果你去沙滩游玩，应该告知家人或朋友等。

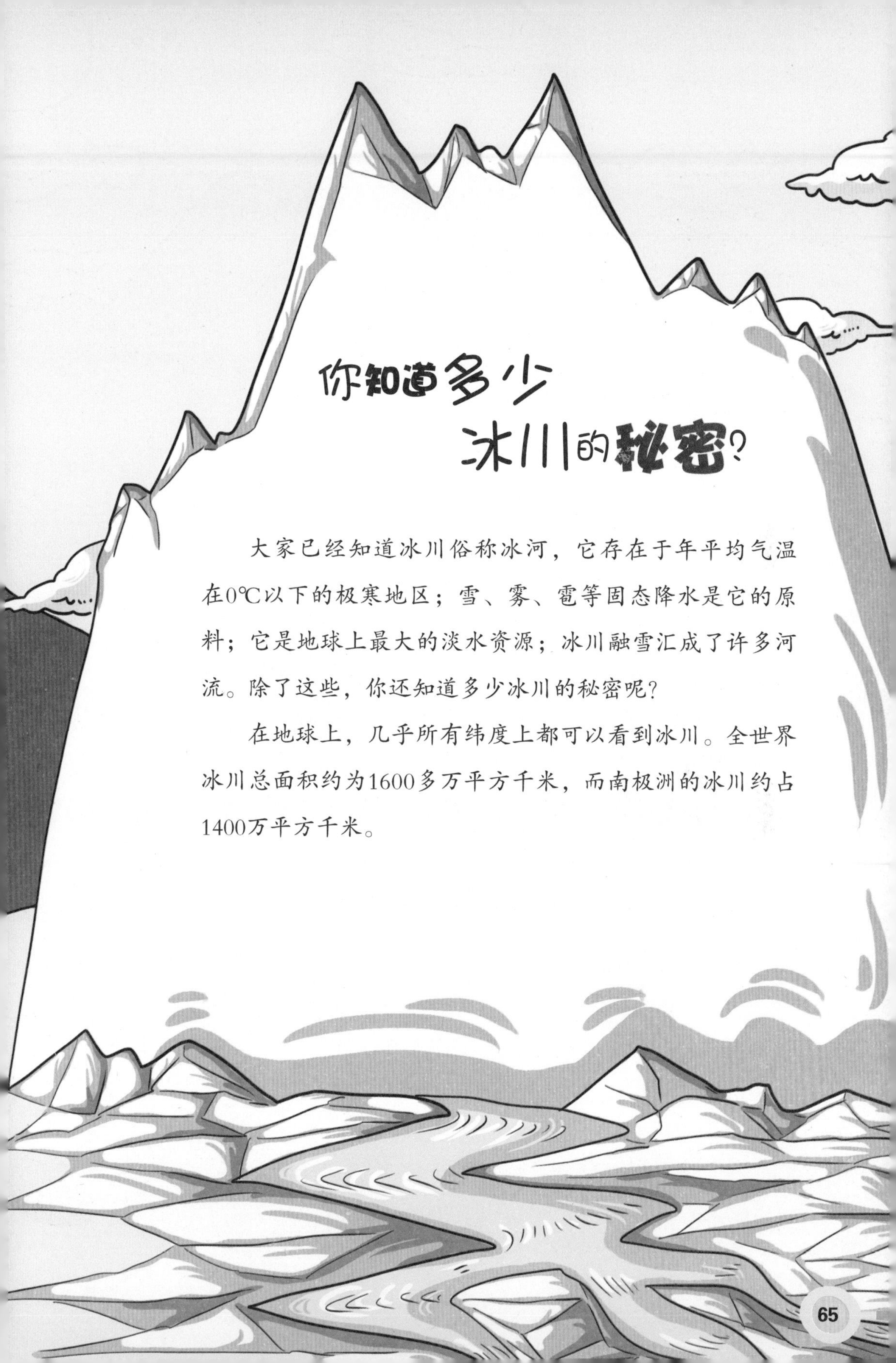

你知道多少冰川的秘密？

大家已经知道冰川俗称冰河，它存在于年平均气温在0℃以下的极寒地区；雪、雾、雹等固态降水是它的原料；它是地球上最大的淡水资源；冰川融雪汇成了许多河流。除了这些，你还知道多少冰川的秘密呢？

在地球上，几乎所有纬度上都可以看到冰川。全世界冰川总面积约为1600多万平方千米，而南极洲的冰川约占1400万平方千米。

地球上的冰川通常分为大陆冰川和高山冰川两类。在地球的南极和北极由于气候非常寒冷，这里生成了大面积的冰川，而这些冰川是覆盖在平坦的大陆之上的，所以称为大陆冰川。在一些纬度较低、气温较高的地区，也会有冰川。我们知道越往高处温度越低，当海拔超过一定高度，温度就会降到0℃以下，降落的固态降水就能常年存在，所以在海拔很高的山上也会形成冰川，我们称之为高山冰川，也称山岳冰川。你知道吗，像我国的喜马拉雅山、天山、阿尔泰山等冰川就属于高山冰川。

冰川的形成是一个漫长的过程：雪、霜、雹等固态降水落在地面上，在那些温度极低的地方，由于融化蒸发量小于降水量，于是层层叠叠堆积起来。经过千百年的时间，在重力和压力的作用下，这些固态水变为圆球状的粒雪，粒雪经相互挤压成为冰川冰，冰川冰进一步发展为更加致密坚硬的老冰川冰；最后，老冰川冰在自身重力或在相互间的压力作用下，沿着山坡慢慢流下，冰川就形成了。

中高纬

一般来说，大部分冰川移动的速度都十分缓慢，平均移动速度每年不过几厘米，快的也不过数米，所以我们的肉眼是看不出的。但

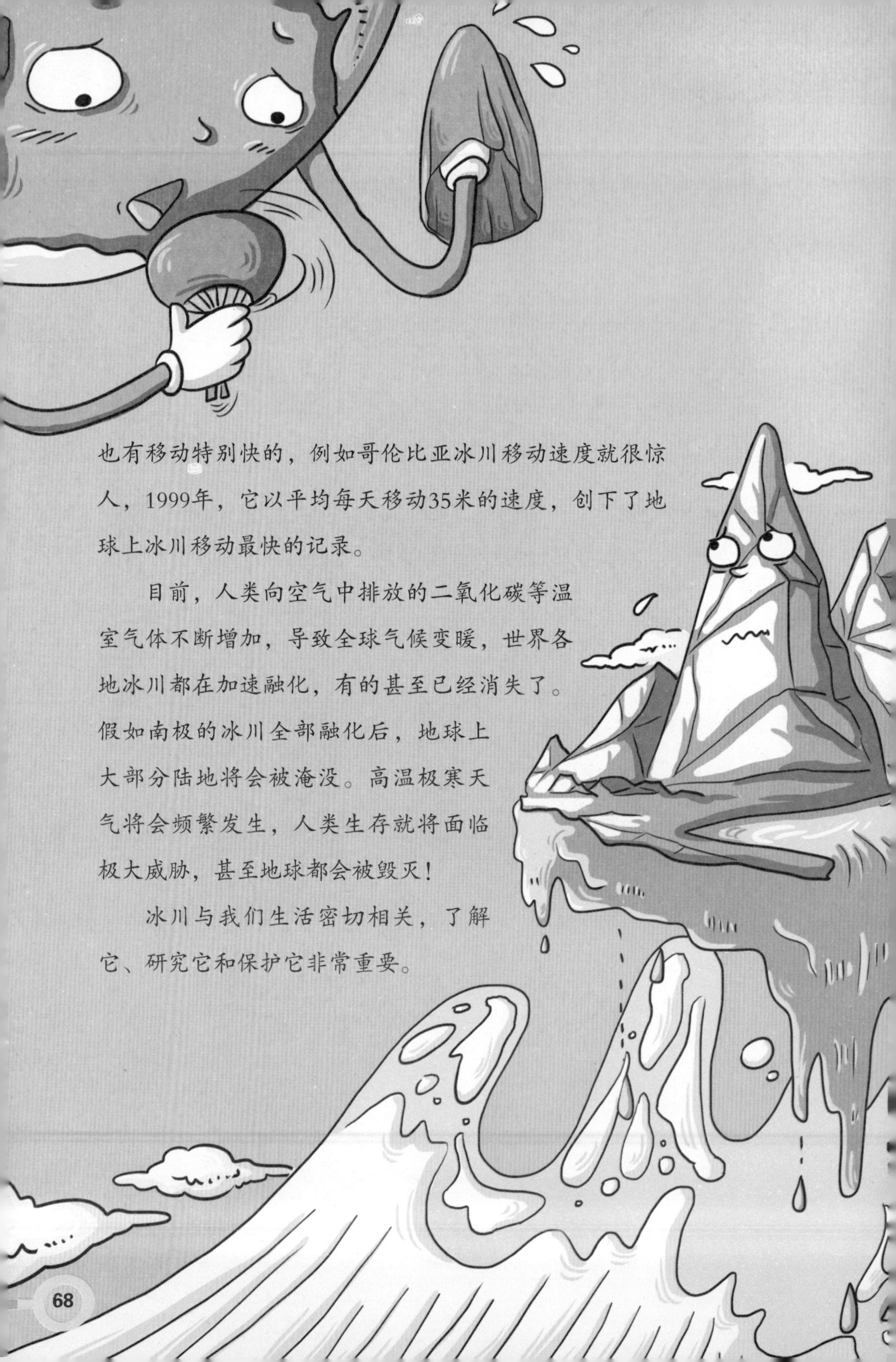

也有移动特别快的，例如哥伦比亚冰川移动速度就很惊人，1999年，它以平均每天移动35米的速度，创下了地球上冰川移动最快的记录。

目前，人类向空气中排放的二氧化碳等温室气体不断增加，导致全球气候变暖，世界各地冰川都在加速融化，有的甚至已经消失了。假如南极的冰川全部融化后，地球上大部分陆地将会被淹没。高温极寒天气将会频繁发生，人类生存就将面临极大威胁，甚至地球都会被毁灭！

冰川与我们生活密切相关，了解它、研究它和保护它非常重要。

“巨人之路”是谁修建的?

假如你要去北爱尔兰，最不能错过的景点非“巨人之路”莫属。它有什么特别的呢?

在北爱尔兰首府贝尔法斯特西北约80千米处的大西洋海岸，当你爬上高达110米的峭壁，放眼望去，一条形状规则、错落有致、气势磅礴的天然阶梯正通向茫茫大海，这就是著名的巨人之路，也称巨人堤。

巨人之路约由3.7万根赭褐色的玄武岩石柱构成；柱子截面多为六边形，也有四边形、五边形、七边形和八边形的；石柱有的淹没于海水之下，也有与海面平行的，但多数都高于海面6米以上，最高的可达12米；柱子一根接一根紧密排列，绵延6000多米。

好壮观的一条石道啊！它是自然形成的吗，还是人工铺成的？

传说，古爱尔兰的巨人芬·麦库尔爱上了内赫布里底群岛上一位漂亮的姑娘。为了迎接心爱的姑娘，使她脚不沾水地娶回官邸，麦库尔把岩柱一根又一根地运到海边，修建了这条石路。

难道巨人之路真的是麦库尔建造的吗？当然不是。地质学家告诉我们，它是火山活动形成的。

大约5000万年前，苏格兰西部至北爱尔兰东部一带的火山非常活跃，一股股炽热玄武岩熔液不时地从火山口喷涌，像奔腾的河流一样，汹涌地流向大海。高温的岩浆熔液遇到冰冷的海水，犹如“火”遇到“冰”，瞬间发生了凝固、结晶，形成固态的玄武岩。因为受力均匀且凝结速度快，岩浆熔液就形成了许许多多规则的六边形石柱。细心的你有没有发现，雪花的形状也大多呈六边形呢？你也许可以在这里找到答案哦。

经历了千万年，那些形成的玄武岩石柱，不断受到大西洋海浪的冲刷，暴露的部分逐渐被侵蚀掉，大多在不同高度处被截断，石堤最终就成了今天这个样子。

可见，巨人之路是大自然修建的不朽杰作。

赤道是巨足踩出来的吗？

我们知道，赤道是地球南北的平分线，将地球一分为二，被称为是地球的“腰带”，但你知道赤道上有一只“人类的巨足”吗？或许，赤道就是这只巨足一步一步踩出来的！这只巨足在哪里？长什么样呢？

赤道上的巨足位于厄瓜多尔的首都基多，基多有“地球中心”之称。据说，它是由西班牙著名画家拉斐尔发现的。一次，拉斐尔乘飞机经过厄瓜多尔的瓜亚基尔城的上空时，由机窗向下俯视，突然发现了一只人类巨足和一头巨型兽类出现在赤道上，甚是震惊。回家后，拉斐尔凭借记忆和拍到的许多照片，用忠实于大自然的艺术方式完成了两幅著名的赤道风景画。从此，赤道巨足就一举成名了。

赤道巨足并不真是人的脚哦。它是一块形似人足的巨大花岗岩岩石。它为什么会长成人足的模样呢？有人说，它是火山喷发出的岩浆冷却凝固后凑巧形成的；有人说，它是花岗岩石经过长年累月风化、侵蚀形成的；有人说，它是古印加人在已有的岩石上加

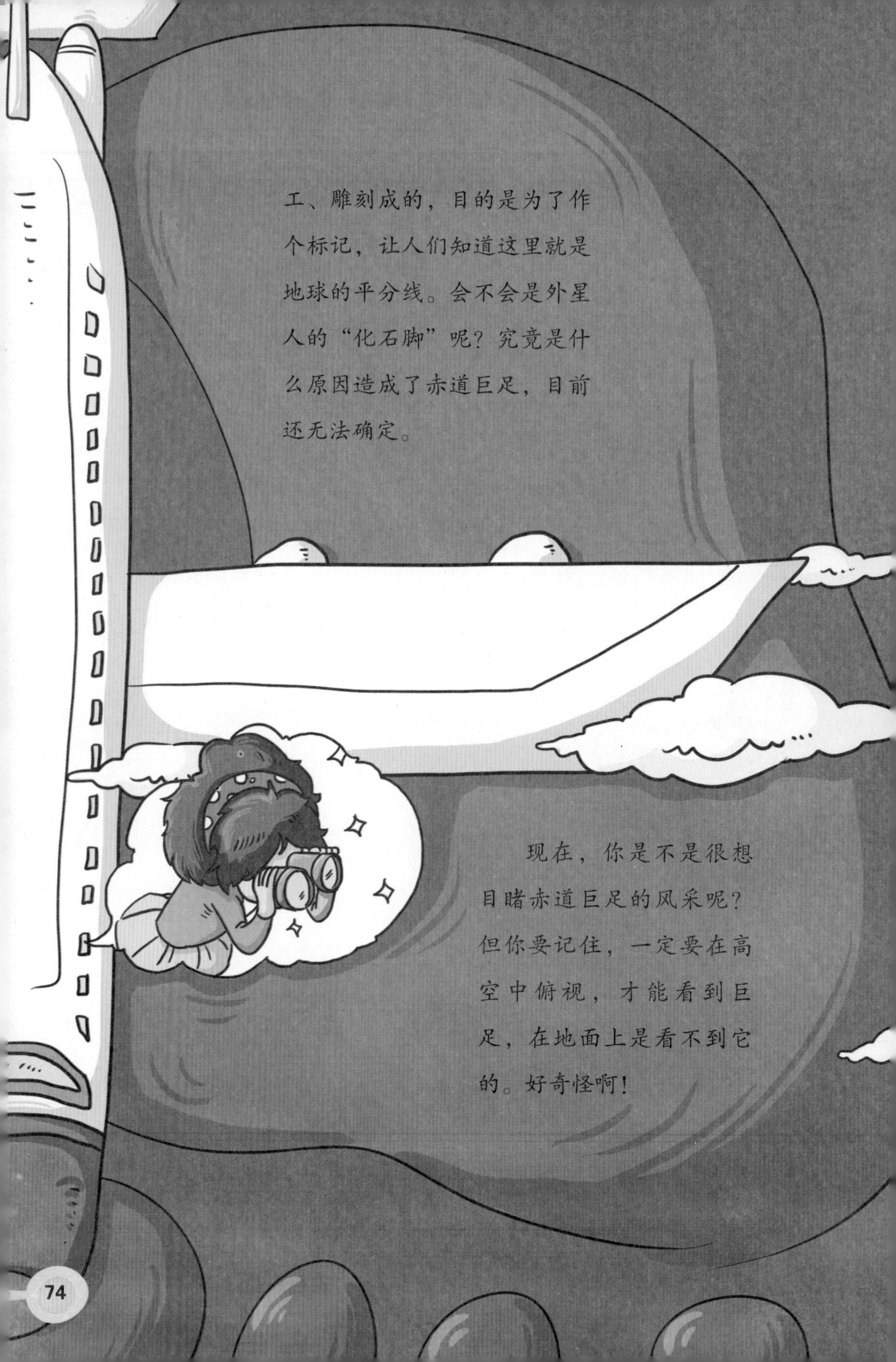

工、雕刻成的，目的是为了作个标记，让人们知道这里就是地球的平分线。会不会是外星人的“化石脚”呢？究竟是什么原因造成了赤道巨足，目前还无法确定。

现在，你是不是很想目睹赤道巨足的风采呢？但你要记住，一定要在高空中俯视，才能看到巨足，在地面上是看不到它的。好奇怪啊！

“魔鬼城”里有鬼吗？

在我国敦煌市西北约170千米处，矗立着一座魔鬼城！什么？魔鬼城！我们知道，在西方的万圣节当晚，各种妖魔鬼怪纷纷出来“闹鬼”，然而它们都是人们装扮的。怎么会有魔鬼城呢？你的两只眼睛是不是已经瞪得又大又圆了？让我们一探究竟吧。

魔鬼城东西长约25千米，南北宽约5千米，由众多高矮不等、奇形怪状的土丘构成：有的像日本的富士山；有的像桂林的山水；有的像西藏的布达拉宫；有的像柬埔寨的吴哥窟、埃及的金字塔、罗马的斗兽场；有的像大漠的雄狮、伸长脖子的乌龟、开屏的孔雀；有的像戴头

盔的武士、远航的舰队、行走沙漠的驼队等；景象万千，无奇不有，身在其中，仿佛进入神秘的幻境。如此美丽、奇特的城堡，为什么叫“魔鬼城”这么恐怖的名字呢？

因为每当大风从这里刮过，就会有各种怪声产生，尤其是夜里，声音凄惨阴森，犹如鬼哭狼嚎，让你不寒而栗。另外，这里寸草不生，四周一片死寂，如果一人行走，即使在白天，也会感觉有一双魔鬼的眼睛总是盯着自己，使你毛骨悚然。还有，夜里月光下的飞虫如“鬼火”飘移，加上身后传来悠悠的细长的鬼叫声。此时，你会觉得掉进了鬼宫，晕头转向，浑身冒冷汗。魔鬼城的名字就是这样来的。

真相终于大白：魔鬼城里并没有鬼。那些鬼叫声是大风撞击土丘发出的声音，鬼火飘移是月光下的飞虫在扇动翅膀。原来，我们是自己在吓自己啊。我们要相信科学，世界上是没有鬼的。

讲了这么多，我们还不知道魔鬼城是怎么形成的，你一定想知道吧。其实，魔鬼城有一个科学称谓，叫雅丹地貌。“雅丹”源于我国

维吾尔族语言，意为陡峭的土丘。它是干涸的河湖泥沙因为长期受到风和水的作用，尤其是大风风化剥蚀，才形成了一个个形态怪异的沟壑或土丘。

世界各地均有雅丹地貌，如非洲特贝斯荒原的雅丹群范围最大，约26万平方千米；伊朗卢特荒漠东南部的雅丹地貌最高，约高200米。我国的雅丹地貌面积约两万多平方千米，主要分布在柴达木盆地西北部、疏勒河中下游和新疆罗布泊周围，其中尤以罗布泊西北楼兰附近的最为典型。

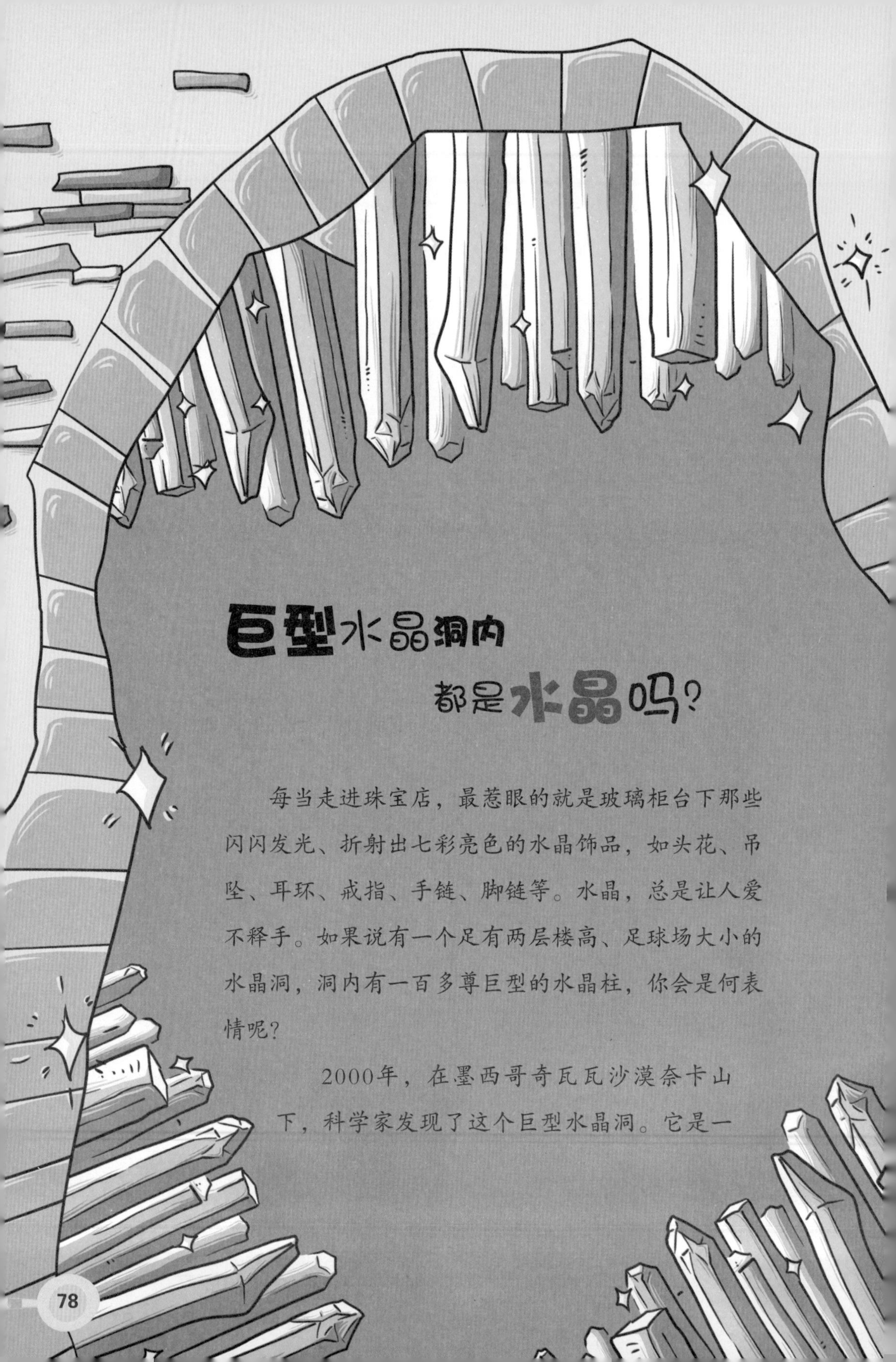

巨型水晶洞内都是水晶吗？

每当走进珠宝店，最惹眼的就是玻璃柜台下那些闪闪发光、折射出七彩亮色的水晶饰品，如头花、吊坠、耳环、戒指、手链、脚链等。水晶，总是让人爱不释手。如果说有一个足有两层楼高、足球场大小的水晶洞，洞内有一百多尊巨型的水晶柱，你会是何表情呢？

2000年，在墨西哥奇瓦瓦沙漠奈卡山下，科学家发现了这个巨型水晶洞。它是一

个长30米、宽10米的马蹄形石灰岩溶洞。在洞穴的顶部和四周，长满了许多巨型天然水晶柱，最大的长度达11米，重达55吨，世上只此一处，绝无仅有。好一个水晶宫啊！

这个巨型水晶洞是如何形成的呢？地质学家加西亚·鲁伊斯为我们揭开了水晶洞的身世之谜。

约2600万年前，奈加山下岩浆活动十分剧烈，岩浆中充满了水分含量很少的无水石膏。无水石膏在58℃以上时很稳定，而低于58℃时就会分解变成石膏。因此，当岩浆冷却，温度下降到58℃以下的时候，无水石膏便开始分解，水中硫酸盐和钙的含量也逐渐的增加，在洞穴之中经过数百万年的沉淀后，最终形成了巨大的半透明石膏水晶。

加西亚·鲁伊斯告诉我们，巨型水晶的形成是要具有一定条件的，当温度要低于58℃时，如果温度继续下降得太快，形成的水晶就小，只有上百万年一直保持和接近58℃的温度时，巨大的水晶才有可能产生。另外一定深度和有水的环境，也是巨型水晶形成的一个因素。现在，巨型水晶已经停止生长了，是因为水被人为排干了。如果水没被排走，巨型水晶也许还会长得更长。

看来，要去墨西哥巨型水晶洞参观有点麻烦，你需要有特别的降温装备。2009年，科学家检测水晶洞内水坑的水时，发现水中居然含有大量的病毒。所以，要去巨型水晶洞，还是等等吧。

“丹霞”是指天上的彩霞，还是指丹霞山呢？

傍晚，太阳徐徐落下，天空铺满了彩霞，到处一片火红。一弯上弦月不甘寂寞地跳了出来，发出明亮的月光，给路人指引方向。不一会儿，星星拨开云层，也走了出来。黑夜来临了。

好美、好浪漫的一幅晚霞落日图啊！这正是“丹霞夹明月，华星出云间”（曹丕的《芙蓉池作诗》）追求的意境。不过，我们将要说的“丹霞”并不是指天上的彩霞，而是一种地上奇观。

1928年，我国地质学家冯景兰，在广东省仁化县考察时，发现了一片由红色砂砾岩构成形态各异的山体。这些山大多顶部平齐、四壁陡峭。有的像堡垒，有的像宝塔，无数千姿百态的奇石、石墙、石桥、石巷和石洞等散布其中，连绵不绝。整片区域红彤彤、金灿灿的，如霞光普照下的仙境一般。于是，冯景兰首次提出“丹霞层”这个地理概念。之后，许多地质学家对类似地貌进行了多次、反复考察，最后将这种由红色的砂砾岩形成的特殊地貌称为“丹霞地貌”，这类山体就叫丹霞山。

目前全世界发现的丹霞地貌约有1200处，主要分布在中国、美国西部、中欧和澳大利亚等国家和地区，而我国分布最广，类型最多。据2008年统计，我国已发现丹霞地貌790处，分布在26个省区。

你见过石旮旯吗?

石旮旯(gālá)? 你也许从来没听过这个名字，也一定没有见过它，丈二和尚摸不到头脑了吧? 它究竟是什么呢?

桂林山水、云南石林、四川九寨沟、贵州黄果树瀑布、张家界九龙洞、济南趵突泉、广东肇庆七星岩、本溪水洞……这些风景旅游区很熟悉吧。它们很可能就是石旮旯的杰作哦!

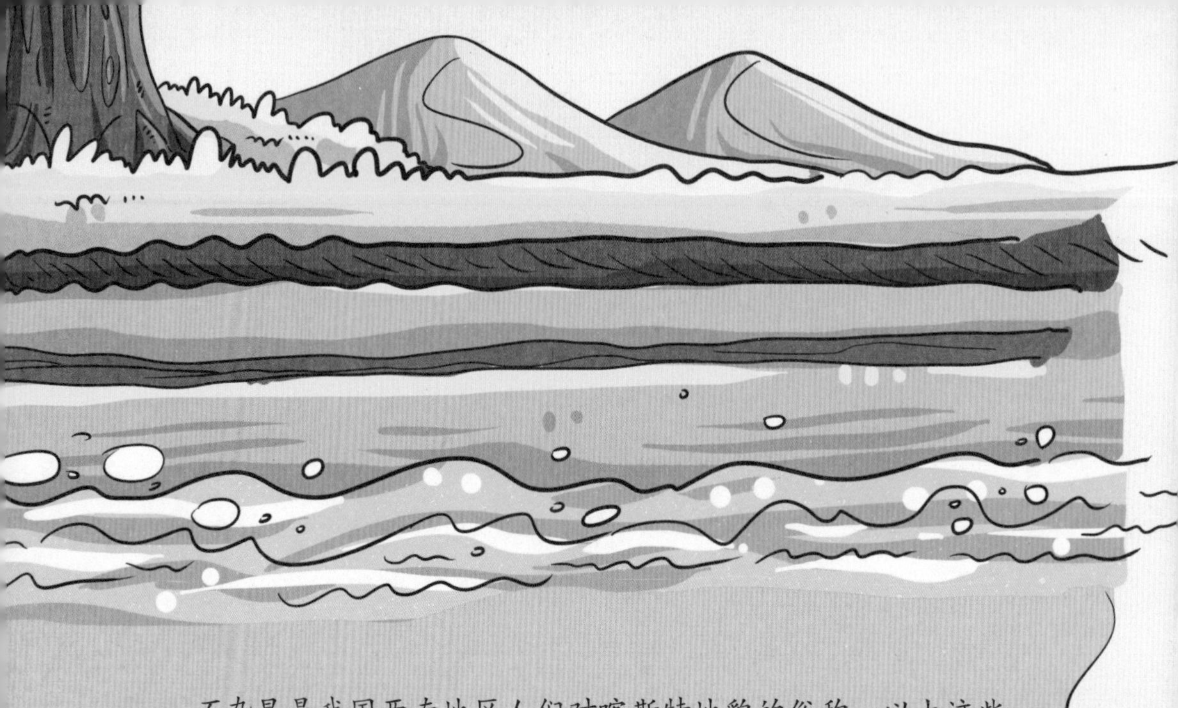

石旮旯是我国西南地区人们对喀斯特地貌的俗称，以上这些风景区都是我国著名的喀斯特地貌形成区。那么，什么是喀斯特地貌呢?

“喀斯特（Krast）”是个外来词，是南斯拉夫西北部伊斯特拉半岛石灰岩高原的名称，意为“岩石裸露的地方”。喀斯特地貌由此得名。它是可溶岩被具有溶蚀力的水的长期溶蚀冲刷，以及地表塌陷等机械作用下，形成的一种特殊地貌。欧洲地中海沿岸、美国东部和我国西南的广西、云南、贵州地区是世界三大喀斯特集中分布区。

我们通常将喀斯特地貌分为地表喀斯特地貌和地下喀斯特地貌两类，前者主要有石林、溶沟、石牙、孤峰、峰林、落水洞和干谷等形态，后者主要有溶洞、钟乳、石笋和地下河等形态。

像名画既有真也有假一样，喀斯特地貌竟然也有假的！我们把其他原因形成的形似喀斯特的地貌，统称为假喀斯特地貌。

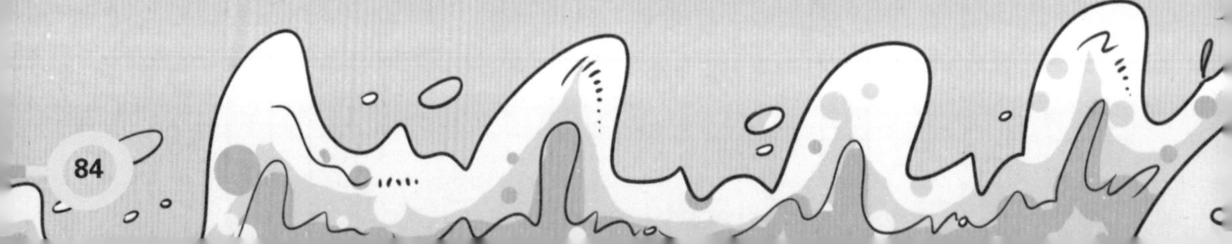

判断是不是假喀斯特地貌，我们通常的办法是看它是由什么岩石构成的。如果不是可溶于水的岩石，我们一般就认为它是假的。反之，就是真的。可溶于水的岩石除了有石灰岩外，还有白云岩、泥灰岩、石膏、硬石膏、芒硝以及含有钾、钠、镁成份的岩石等。现在，你是不是有一双判断真假喀斯特地貌的火眼金睛呢？
真？假！

我们已经知道，喀斯特地貌能够形成著名的风景区，是很好的旅游资源，不仅如此，它还蕴藏着丰富的水利资源和矿产资源。例如：喀斯特地下水量充沛，水质良好，宜于灌溉、饮用，还可用来发电；喀斯特矿泉、温泉富含许多有益的矿物元素，具有很高的医疗价值；喀斯特洞穴中富有铝土、铅、锌、硫化物、汞等矿物，近年来还发现大量石油和天然气等。

幽灵岛是幽灵建造的吗？

幽灵飘忽不定、形踪诡秘，我们也只是听说过，要说世界上有像幽灵一样的岛屿，我们坚决不信。但是，真的有幽灵岛！太平洋西南部的汤加王国就有一个幽灵岛，名叫小拉特岛。

在历史上，小拉特岛曾于1875年高出海面9米，1890年高出海面达49米，1898年突然沉没水下7米，1967年又冒出海面，1968

年又消失了，1979年再次出现，…… 真是不可思议！

类似小拉特岛这样的岛屿，人们还在西西里岛附近、桑托林群岛、冰岛以及阿留申群岛等地发现过。人们把这种在海上时隐时现、行踪诡秘的岛屿称为幽灵岛。记住，幽灵岛一定是在海洋中形成的哦！因为还有一种漂浮岛很容易混淆，它是由于河流涨

水或暴风雨冲走部分河岸或沼泽地而形成的，常见于热带河流上。

那么，幽灵岛是如何形成的呢？它们为什么会出现、消失、再出现、又消失呢？原来，它们是海底火

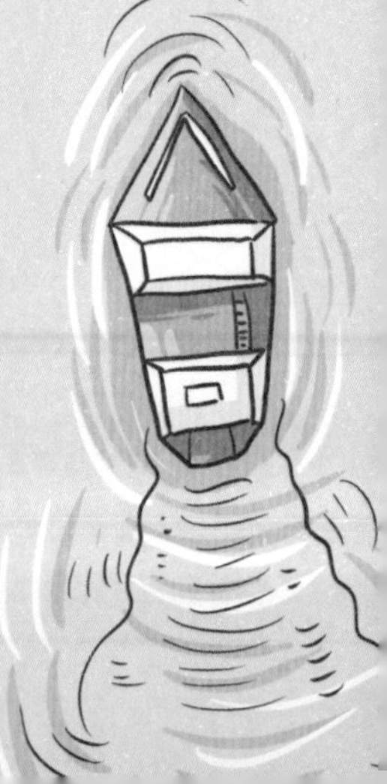

山耍的把戏。在海洋的底部，有许多活火山非常活跃，当它们喷发时，喷出来的大量熔岩和碎屑在海底冷却、凝固、堆积起来。随着熔岩和碎屑不断堆积，直到高出海面，新的岛屿便形成了。但是一段时间以后，由于岛屿底部与海底岩石的连接不够坚固，或是海水不断冲击、侵蚀，或是地壳下沉，新岛屿的根部就会被折断而倒塌下沉，从而消失。不久，当火山再次喷发时，又一个新的岛屿出现了，接着又消失了。

世界上最大的海底洞穴在哪里？

在中美洲有一个小国，叫伯利兹。当你坐着飞机，进入伯利兹外海的上空，从机窗向下俯视，就会看到海面上有许多大大小小的如眼睛般明亮的蓝色洞穴，其中在灯塔礁附近的蓝洞最大。这个洞穴就是著名的伯利兹大蓝洞。

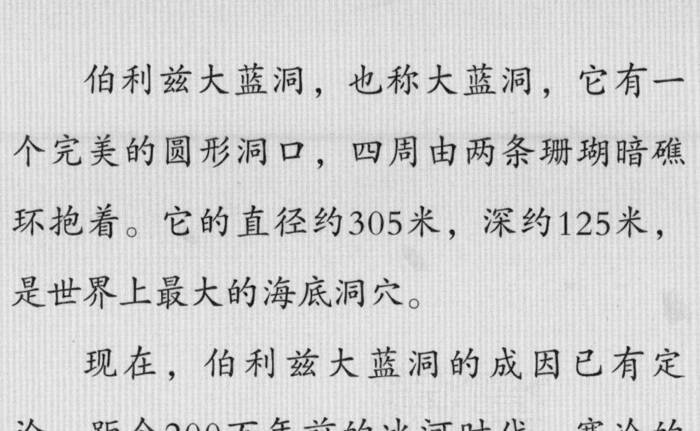

伯利兹大蓝洞，也称大蓝洞，它有一个完美的圆形洞口，四周由两条珊瑚暗礁环抱着。它的直径约305米，深约125米，是世界上最大的海底洞穴。

现在，伯利兹大蓝洞的成因已有定论：距今200万年前的冰河时代，寒冷的气候将海水冻在了冰川中，导致海平面大幅下降。大蓝洞属于石灰岩构成地区，因为长期受淡水和海水相互的侵蚀，形成了许许多多的溶洞。后来，由于自身重力、地震

等原因，很巧合地坍塌出了一个圆形开口。约1.5万年前，地球气候突然变暖，冰川大量融化，海平面升高，海水便淹没了大蓝洞。

也许你要问：大蓝洞淹没在海水里很久了，为什么没有被泥沙掩

埋掉呢？一是因为这里没有大河，而水流较急，所以很少有泥沙等沉积物留在洞穴里；二是因为这里至今还在以1万年30厘米的速度下沉着。

如今，伯利兹大蓝洞是闻名世界的潜水胜地，吸引着全世界潜水爱好者一探究竟。有人说：“平生不潜此蓝洞，即称高手也枉然。”怎么样，去伯利兹大蓝洞亲身体验一下潜水的乐趣吧！

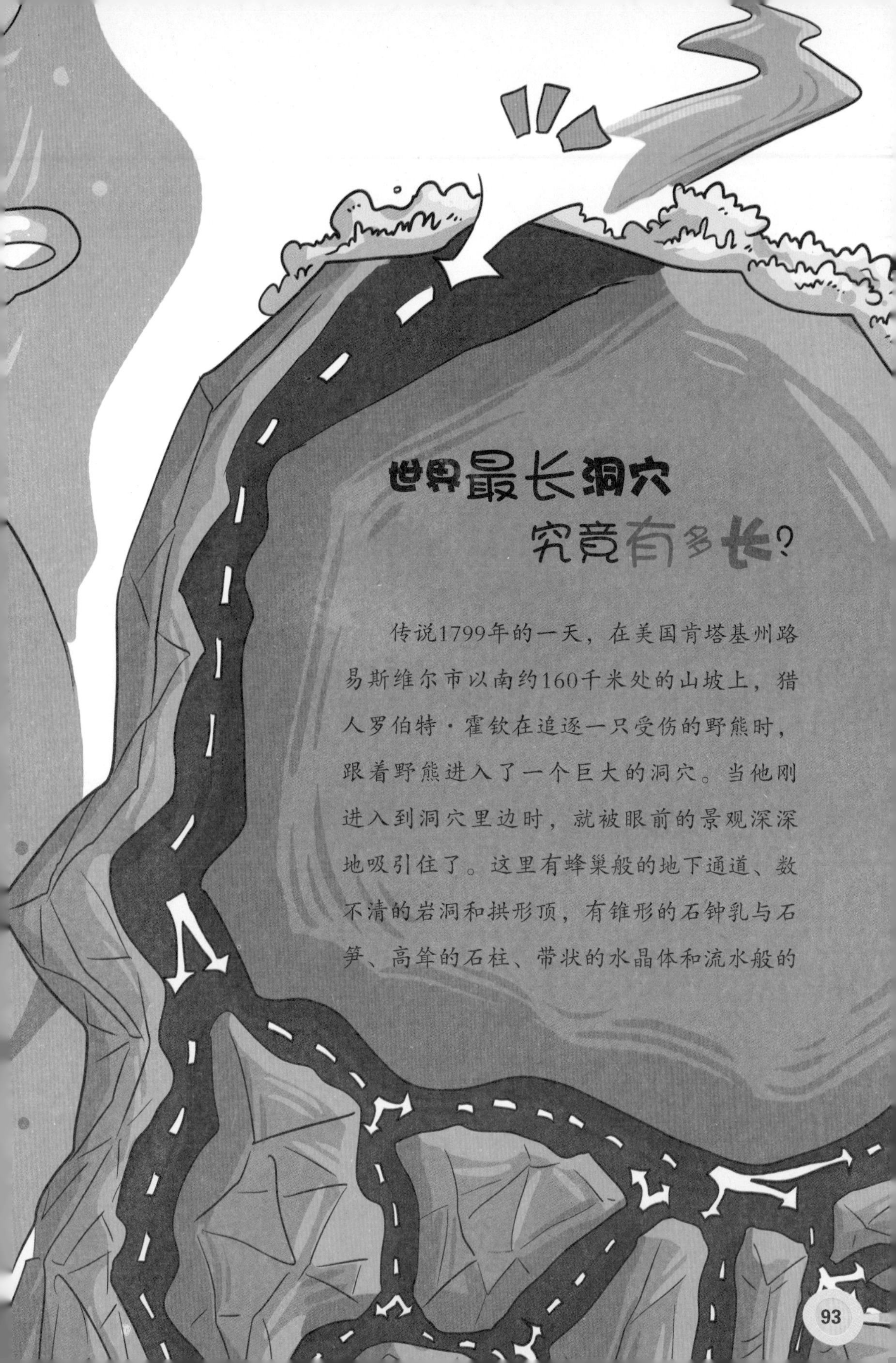

世界最长洞穴究竟有多长？

传说1799年的一天，在美国肯塔基州路易斯维尔市以南约160千米处的山坡上，猎人罗伯特·霍钦在追逐一只受伤的野熊时，跟着野熊进入了一个巨大的洞穴。当他刚进入到洞穴里边时，就被眼前的景观深深地吸引住了。这里有蜂巢般的地下通道、数不清的岩洞和拱形顶，有锥形的石钟乳与石笋、高耸的石柱、带状的水晶体和流水般的

石瀑，有遍布地下的湖泊、峡谷和瀑布，还有失明的盲鱼、甲虫……

这个巨大的洞穴就是世界上已知最长的洞穴——猛犸洞。目前，猛犸洞已探知长度约600千米，不过这可不是它的最终长度。它究竟有多长？洞穴探险家仍在探索、更新中。不过，关于猛犸洞长度还有一段非常惊险而令人痛心的故事。

1925年，洞穴专家弗洛伊德·柯林斯在猛犸洞中受伤迷路，当地政府立即组织上千人进行营救。可是，由于洞穴又长又错综复杂，人们找了18天，才发现了因重伤而死的柯林斯的遗体。

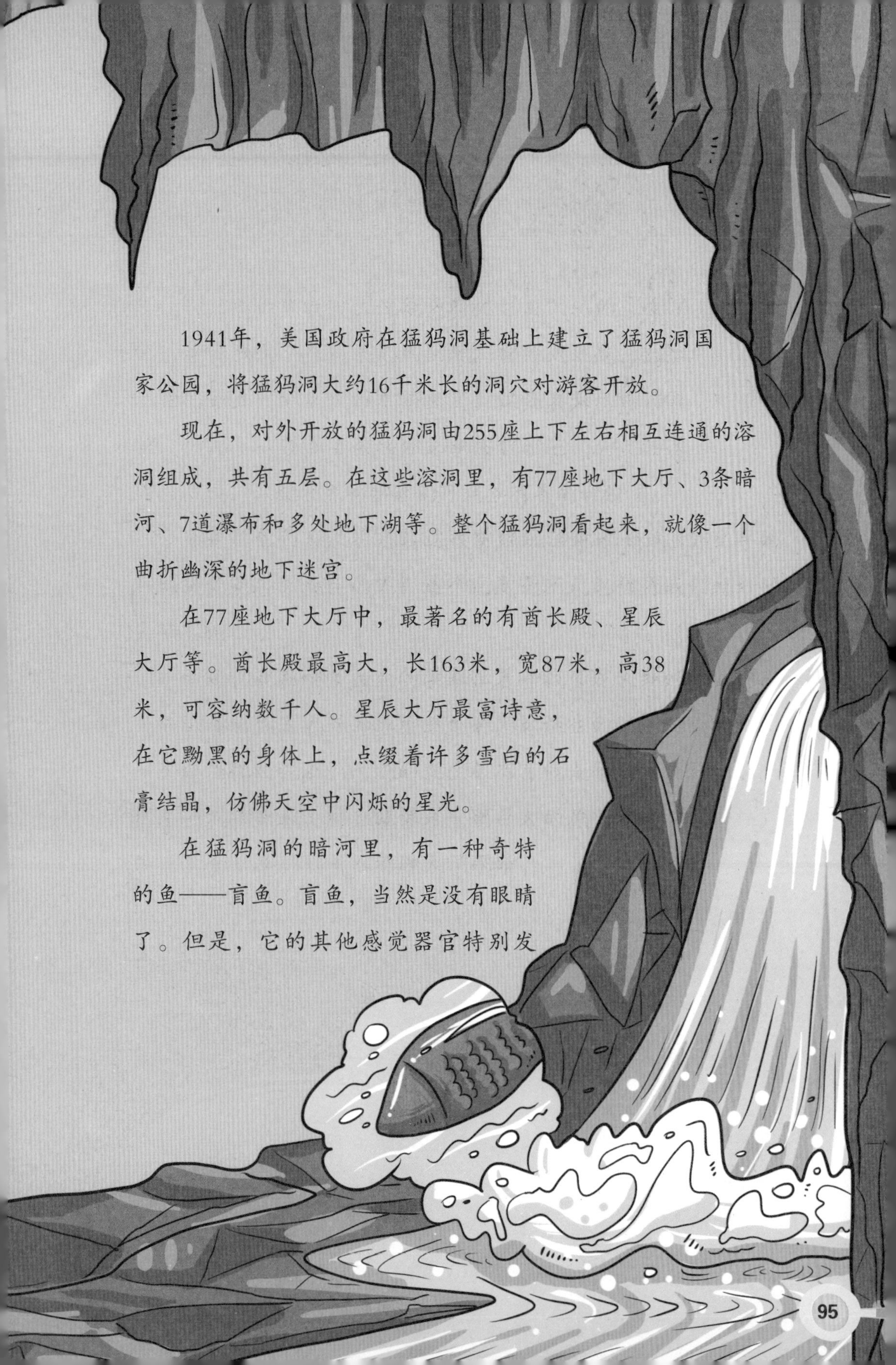

1941年，美国政府在猛犸洞基础上建立了猛犸洞国家公园，将猛犸洞大约16千米长的洞穴对游客开放。

现在，对外开放的猛犸洞由255座上下左右相互连通的溶洞组成，共有五层。在这些溶洞里，有77座地下大厅、3条暗河、7道瀑布和多处地下湖等。整个猛犸洞看起来，就像一个曲折幽深的地下迷宫。

在77座地下大厅中，最著名的有酋长殿、星辰大厅等。酋长殿最高大，长163米，宽87米，高38米，可容纳数千人。星辰大厅最富诗意，在它黝黑的身体上，点缀着许多雪白的石膏结晶，仿佛天空中闪烁的星光。

在猛犸洞的暗河里，有一种奇特的鱼——盲鱼。盲鱼，当然是没有眼睛了。但是，它的其他感觉器官特别发

达，这才使它不会在水中四处碰壁。

猛犸洞内的瀑布水花四溅，而地下湖又深邃宁静，它们一动一静，相得益彰。特别要告诉你一条奇特的瀑布，它由岩石层层叠叠形成，人们称它为“冰冻的尼亚加拉瀑布”。

猛犸洞内的空气非常清新洁净，温度常年保持在12℃左右，非常有利于人的身心健康。

看完上面的介绍，是否很想去猛犸洞看看呢？那就赶快去预定一张门票，否则买不到票哦。因为参观猛犸洞有着严格的规定，包括进洞的时间、地址和人数等。

化石树是树吗？

很久很久以前，我们的地球上覆盖着茂密的森林和草原。由于火山喷发、地震、泥石流、山洪、海啸、暴雨等地质灾害和天气的频繁作用，很多森林被摧毁，高大的树木倒下了，被迅速地埋葬在地下。

几经沧海桑田，植物们的躯体大多变成了黑色的金子——煤。当然也有例外的，在地层下面，有些植物（主要是树木）所

处环境周围刚好有丰富的二氧化硅、硫化铁、碳酸钙等化学物质。在地下水的作用下，这些化学物质进入了植物体内，替换了原来的木质成分，保留了树木的形态，经过石化作用形成了树化石，因其中所含的二氧化硅成分多，也叫硅化木。

美国的化石林国家公园是当今世界上最大、最绚丽的树化石集中地，它位于亚利桑那州北部阿达马那镇附近。这里的树化石数以千计，大多粗约1米，长约20米，最长达37.5米。公园内主要有6大森林，即彩虹森林、碧玉森林、水晶森林、玛瑙森林、黑森林和蓝森林。瞧，名字多好听啊！

看着一棵棵树化石，它们仿佛在诉说着自己的前世，让我们看到了那个绿色的时代。

撒哈拉沙漠的眼睛长在哪里？

自从人类进入太空以来，宇航员们在太空轨道上拍摄了很多地球照片。从距离地球几百千米外看地球，真是另一番不同的景象。2012年3月7日，当国际空间站掠过非洲西部的撒哈拉沙漠时，荷兰宇航员安德烈·凯珀斯惊讶地发现沙漠中有一只黑乎乎的、圆溜溜的眼睛，紧紧地盯着太空。这么大的眼睛，是谁的呢？他好奇不已，立刻拍摄下了这一奇景。

原来，它是地球上最大沙漠——撒哈拉大沙漠的眼睛，人们叫它“撒哈拉之眼”。它位于毛里塔尼亚境内，是一个巨大的同心圆地貌，直径达48千米，海拔约400米。

仔细看，撒哈拉之眼与我们的眼睛真是太像了。你看，最中心的圆圈就是眼珠，包裹眼珠的那些圆圈当然是瞳孔了，最外面的大圈则是眼

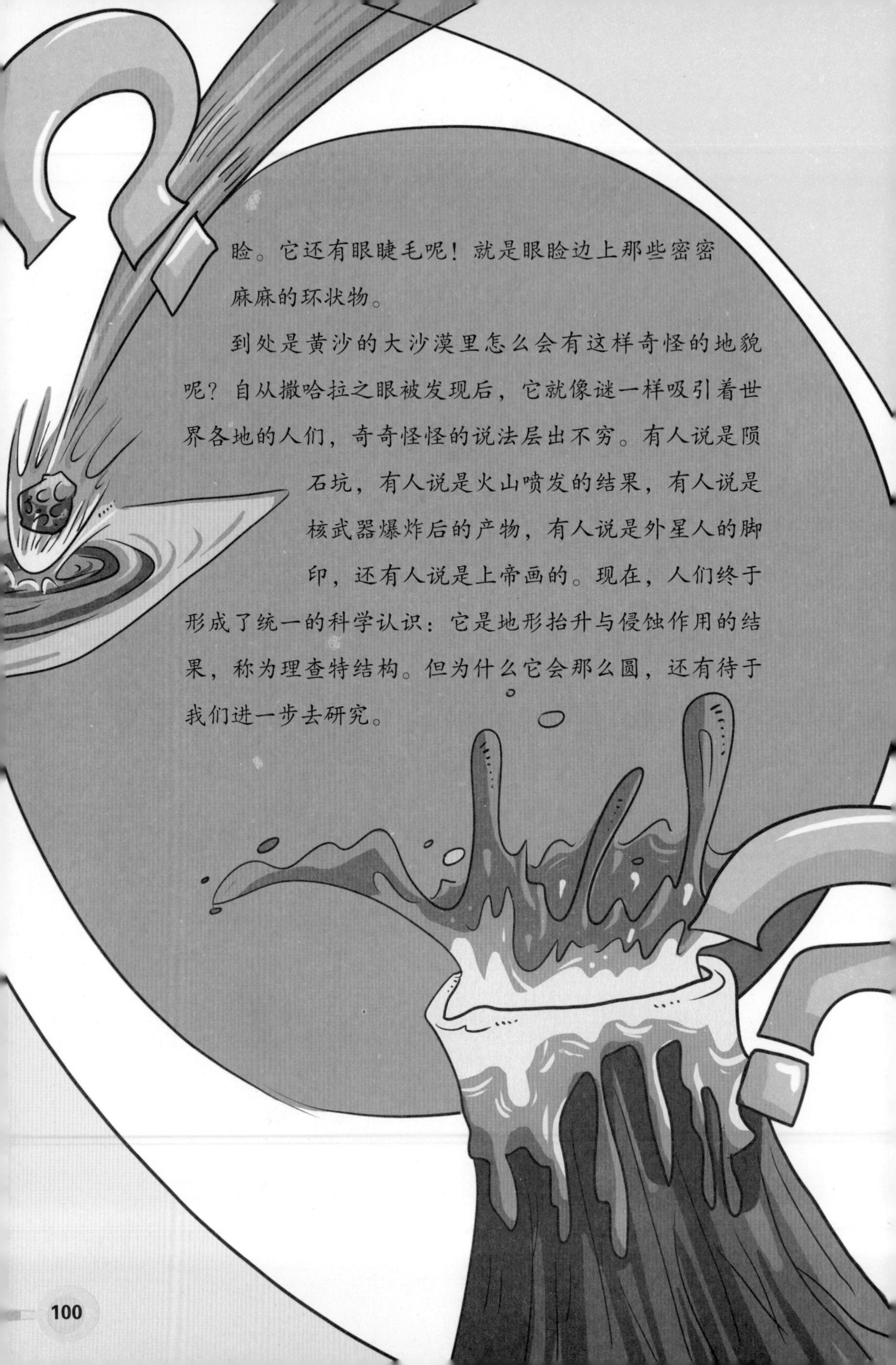

睑。它还有眼睫毛呢！就是眼睑边上那些密密麻麻的环状物。

到处是黄沙的大沙漠里怎么会有这样奇怪的地貌呢？自从撒哈拉之眼被发现后，它就像谜一样吸引着世界各地的人们，奇奇怪怪的说法层出不穷。有人说是陨石坑，有人说是火山喷发的结果，有人说是核武器爆炸后的产物，有人说是外星人的脚印，还有人说是上帝画的。现在，人们终于形成了统一的科学认识：它是地形抬升与侵蚀作用的结果，称为理查特结构。但为什么它会那么圆，还有待于我们进一步去研究。

蓝蓝的天空每天在哪里照镜子呢？

仰望蓝蓝的天空，碧空如洗，一望无垠。它是那么纯净、美丽和无瑕，令人疲劳尽释，心情舒畅。好美的蓝天啊！它为什么能够打扮得如此漂亮呢？因为它有一面巨大的“魔镜”，每天都要拿出来照一照。魔镜，魔镜，你在哪里，我也要变美丽。

这个魔镜就是被人们称为“天空之镜”的乌尤尼盐沼，位于南美洲玻利维亚西南部的高原上。它原本是一个巨大的湖泊，约1万年前干涸后，就形成了如今世界上最大的盐沼。它长约150千米，宽约130千米，面积达10582平方千米。这里到处是盐，有些地方的盐层厚度可达10米左右，盐的总储量约为650亿吨，够全世界人吃几千年呢！

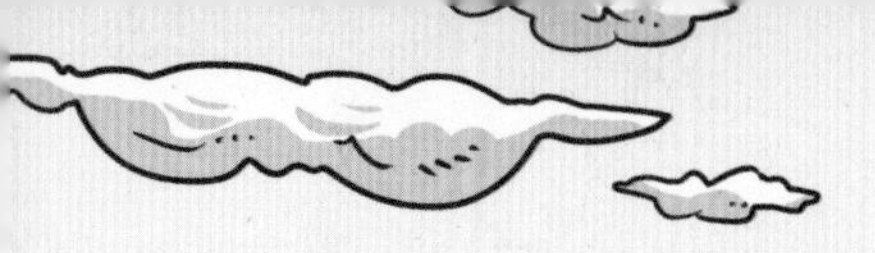

漫步在乌尤尼盐沼上，尤其在雨过天晴时，湖面光洁如镜，闪闪发光。蓝天白云的倩影与之融为一体，相映成趣。分不清哪里是蓝天，何处是盐沼。置身其中，仿佛浸没在纯白的世界里，又好像融入了纯蓝的天空中，如梦如幻，如入仙境一般，真不愧是“天空之镜”啊！难怪爱美的蓝天喜欢在这里照镜子呢。

乌尤尼盐沼附近还有许多珍稀的动植物，如生长了千年的仙人掌，稀有的蜂雀，以及粉红的火烈鸟，它们不仅为“天空之镜”增添了灵气，也把蓝蓝的天空打扮得更具神韵。

奥卡万戈河水是“流”向天上的吗？

大家知道，地球上的所有河流，最后不是流入大海，就是流入湖泊，或是流入地下，可偏偏有一条河流却与众不同，它流入天空了！河水流向天上？怎么可能！你一定难以置信，那我们就亲自去瞧瞧。

这条河流的名字叫奥卡万戈河，发源于非洲南部安哥拉境内的比耶高原，全长1600千米，全年流水量达110亿立方米，是非洲南部第四长河。可是，当它由西北向东南气势如虹地流到博茨瓦纳的奥卡万戈三角洲地带后，突然神秘地消失不见了。

奥卡万戈河水藏到哪里去了？难道它被忍者用了隐身术？当然不是。

以前，人们发现博茨瓦纳三角洲附近有大大小小无数的沼泽地，就以为是它把奥卡万戈河水吸光了。还有人认为奥卡万戈河水是流入地下了。但是，经过多年的地质勘探和分析，地质学家一一否定了以前的说法，而认为是“天空”把奥卡万戈河水吸走了。

地质学家解释说，奥卡万戈河水流到奥卡万戈三角洲时，分成了许许多多弯弯曲曲的支流，又因为这里地势平缓，所以水流

速度一下子变得十分缓慢。然而，这里是热带地区，常年炎热高温，河水的蒸发量特别大，小小的、缓慢的支流怎么能抵得过炙热的太阳烤晒呢？于是，一条条支流相继变成水蒸气，升到天空中去了。因此，奥卡万戈河就这样没有踪影了。地质学家还计算得出，奥卡万戈河变成水蒸气的水量与未变成时的水量几乎完全相等。

真相终于大白，奥卡万戈河的河水真是“流”向天上了，难怪当地人称它为“升天河”。

地震是鳌鱼在翻身吗？

说到地震，我们不禁想到唐山大地震和汶川大地震，一幕幕悲惨的场景又闪现在脑海。在短短的十几秒内，山崩了，地裂了，房屋倒塌了……所有都毁于一瞬间，让人措手不及，无能为力。地震造成的伤害实在是太大太大了。

不过，像唐山大地震和汶川大地震这样的破坏力巨大的地震是很少见的。而轻微的地震则时常发生，平均每两分钟就发生一次。但是，你不必担心害怕，它们是不会造成什么伤害的，我们也感觉不到。

那么，地震为何发生呢？关于地震的发生，我国民

间一直流传着“鳌鱼转侧”的故事：在地球的深处，住着一条巨大的鳌鱼，长有龙的头，鱼的身子。它非常贪睡，白天晚上一直在睡觉。但它睡着时很不安分，时不时要翻一翻身，动静很大。只要它一翻身，大地就会抖动起来。

这个故事只是传说，是古代人类缺乏科学知识，又无法解释这种自然现象时的一种臆想。其实，地震和海啸、龙卷风、冰冻灾害一样，是地球上经常发生的一种自然灾害。地震，又称地动、地振动，意思就是大地的振动，它是地球内部运动的结果。

我们知道，地球内部每天是不停运动的，且运动时会对岩石形成挤压、拉伸、旋扭等力量的作用。当各种力量致使坚硬的

岩石发生破裂或错动时，地震就发生了。在地球上，90%以上的地震都是这样发生的。我们可以做这样一个实验来演示这类地震发生的过程：用双手使劲弯曲一根木棍，当手上的力量大到一定程度时，木棍的弯曲处便会发生破裂；而在木棍断裂一刹那，两只手会感到振动，这种振动的感觉便是地震。

此外，火山爆发、陨石坠落、溶洞塌陷、核实验爆炸等也会引发地震，但数量少，规模小。

强烈的地震可能是我们身边最严重的灾害了。如果地震来了，你可以这样做：在屋内，应躲在比较宽大的桌子底下或者卫生间里；在屋外，应远离建筑物，找一处开阔、安全的地方。千万记住：不要惊慌，不能乱跑！

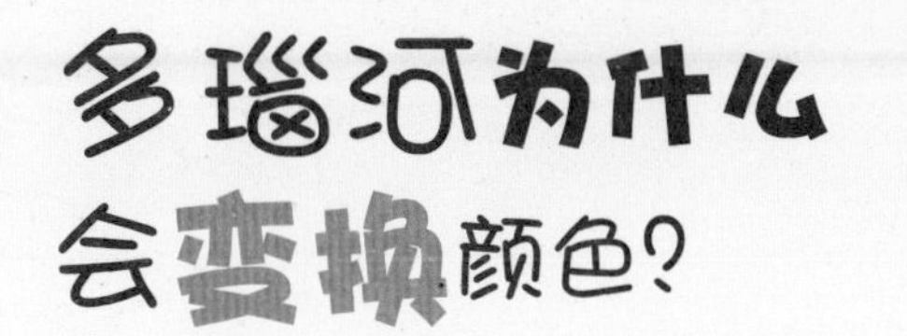

多瑙河为什么会变换颜色？

每当奥地利作曲家小约翰·施特劳斯的《蓝色的多瑙河》圆舞曲响起时，人们就会不由自主地随着动人的旋律翩翩起舞，像是幸福的鱼儿在多瑙河的波浪中自由畅快地遨游着。

多瑙河是欧洲的第二长河，全长2850千米，仅次于伏尔加河。多瑙河就像一条长长的飘带，蜿蜒在欧洲大地上，将欧洲各国牵在了一起。它发源于德国西南部的黑林山，自西向东流经德国、奥地利、斯洛伐克、匈牙利、克罗地亚、塞尔维亚、保加利亚、罗马尼亚、摩尔多瓦和乌克兰等10个国家，最后注入黑海，是世界上干流流经国家

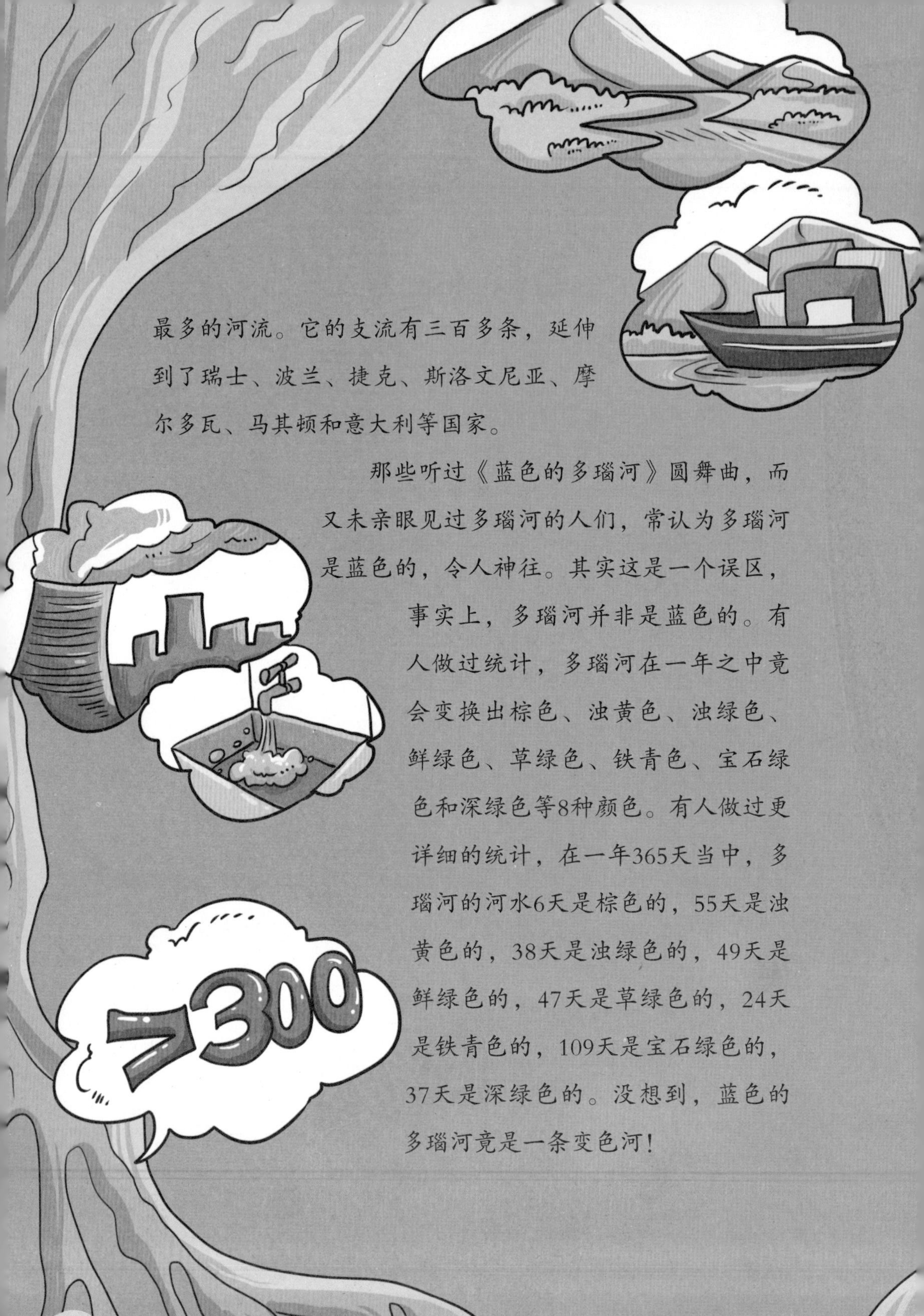

最多的河流。它的支流有三百多条，延伸到了瑞士、波兰、捷克、斯洛文尼亚、摩尔多瓦、马其顿和意大利等国家。

那些听过《蓝色的多瑙河》圆舞曲，而又未亲眼见过多瑙河的人们，常认为多瑙河是蓝色的，令人神往。其实这是一个误区，事实上，多瑙河并非是蓝色的。有人做过统计，多瑙河在一年之中竟会变换出棕色、浊黄色、浊绿色、鲜绿色、草绿色、铁青色、宝石绿色和深绿色等8种颜色。有人做过更详细的统计，在一年365天当中，多瑙河的河水6天是棕色的，55天是浊黄色的，38天是浊绿色的，49天是鲜绿色的，47天是草绿色的，24天是铁青色的，109天是宝石绿色的，37天是深绿色的。没想到，蓝色的多瑙河竟是一条变色河！

为什么多瑙河能变换出这么多颜色呢？地理学家经过长期考察研究，得出结论：多瑙河的曲折多变造成了颜色的多变。因为多瑙河从发源地到最后注入黑海，直线距离不到1700千米，然而实际行程却有2850千米，多走了1100多千米，所以形成了曲曲折折的样子。于是，多瑙河的河水在不同河段，形成了水量、水深、水流速度、酸碱性等方面的极大差异，如有的河段干涸无水，有的河段水非常深，有的河段变成了地下河等。这样，多瑙河的河水在不同的大气和光线折射条件下，就呈现出了不同的颜色。

含羞泉害怕见陌生人吗?

我们常常看到，害羞的人见到陌生人后，不仅会脸红，还会躲藏起来。其实，不光人会害羞，大自然中的许许多多事物也是会“害羞”的。你瞧，这里就有一口十分怕羞的泉水，当地人叫它“含羞泉”，也称“缩水泉”。

含羞泉位于我国四川省广元县陈家乡的山上，它本来是很活泼好动的，但只要你往水里扔块石头，它就像害羞的人儿受到惊吓似的，慌慌张张地躲藏起来了，不再流动了。有时，它听到人们

的谈笑声，居然也会害羞，好半天不敢出来。当一切恢复往常，感觉身边没有危险后，含羞泉就又伸出头，快快乐乐地流起来了。

好奇怪的含羞泉啊！它真的是害怕见陌生人吗？当然不是啦。

其实，这就是我们常说的毛细管现象。例如：将毛细管插入水中时，水会进入毛细管而上升，上升的高度则要高于毛细管外面的水面高度。

你发现了吗？在含羞泉底的泥土和岩石中有许许多多细小的空隙，它们好比一根根插在水中的毛细管，将地下的水吸到地面，从而形成了一股股的泉水。可是，当泉水受到外面的物体或声音产生的振动时，就会对空隙产生压力，将其中的水压回地下，反而装了一些泉水，因此泉水看起来缩回去了。不过，当振动过后，一切又恢复正常了。

原来，含羞泉不是怕见陌生人，也不是怕扔石头和谈笑声，而是害怕各种原因产生的“振动”。也就是说，你跺一跺脚，含羞泉也可能会很害羞。

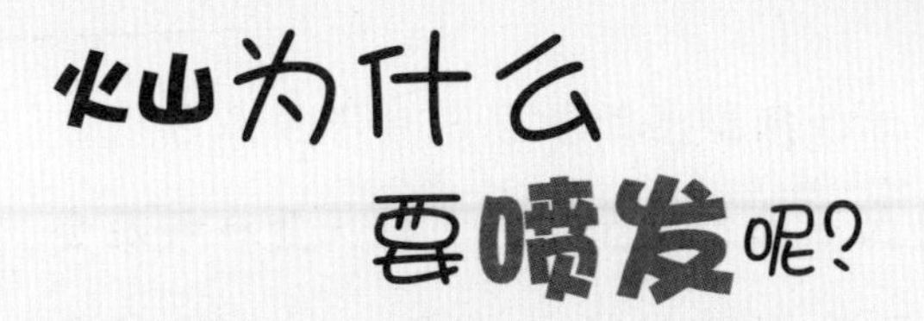

你听，大地在疯狂的轰鸣！你看，一条条凶残的火龙冲出了地面，吞噬着周围的一切！这是地狱的魔鬼要毁灭地球吗？当然不是。它是地球上一种奇特的地质现象，叫火山喷发。

火山喷发并非指山上喷火，指的是地下岩浆喷出地面的现象，它是地壳运动的一种表现形式。我们知道，在地球的深处，流动着大量温度极高的岩浆，温度能达到1000℃以上。高温岩浆每时每刻都渴望着钻出地面，看看外面的世界，但一直被厚厚的地壳岩层死死地困住。然而，地壳中的岩层难免有一些薄弱的，当高温岩浆发现后，就瞬间熔化了它们，于是像拧开

盖的汽水一样喷出地面，形成了火山喷发。

火山喷发时，除了有高温岩浆外，还伴随有大量的气体和水蒸气、火山灰、火山弹等火山喷发物。气体和水蒸汽往往以白烟的形式出现；火山灰指像沙子一样的细小颗粒；火山弹指高温岩浆凝结成的固体。当火山喷发物堆积起来后，就形成了一座座高大的火山。如果火山喷发是在海底发生的，很有可能形成火山岛。著名的夏威夷岛就是多次海底火山喷发形成的。

火山喷发常常会对人类造成很大的危害。古代意大利的庞贝城就是在一次火山喷发中被埋在地下的；1902年12月16日，培雷火山喷发，造成2~3万人死亡，这是人们已知的最大的一次火山喷发灾害。

对于火山喷发，人们目前还无法控制，唯一能做的是发现火山喷发前的预兆，如地表变形，空气中有异味，植物褪色、枯死，动物异常等。假如遇到火山喷发，你要尽快地远离它，越远越好。

艾尔斯巨石能变出多少种颜色？

每当时装表演开始，在T型台上，镁光灯下，美丽窈窕的模特儿就会不断换穿着各种颜色的衣服，迈着优雅的猫步，摆着迷人的姿势。而在茫茫的荒漠中，也有一位爱美的模特儿，每天都在走T型台。它就是艾尔斯巨石。

艾尔斯巨石，又叫乌鲁鲁岩石，俗称“地球的肚脐”，位于澳大利亚艾丽斯泉市西南约340千米处。它孤零零地、奇迹般的在荒漠中突起，高384米，周长达9000米，是世界上最大的一块独立整体岩石。因为体积太大，许多人想要拍全景时，不得不站在两万米以外。

然而，艾尔斯巨石能够驰名世界，并不是因为体积之大，而是因为一天之内不断变幻的颜色。

随着早晚天气的改变，它像模特儿一样换穿着各种颜色的衣服。黎明前，衣服是黑色的睡袍，似睡眼惺忪；日出时，衣服变成了浅红色的春装，如出水芙蓉般娇媚；中午时分，衣服为橙色的夏装，显得朝气蓬勃，有活力；夕阳西下，衣服是深红或紫色的秋装，似心花怒放；夜幕降临，衣服换成了黄褐色的晚礼服，端庄而高贵；入睡时，它脱掉了所有衣服，又穿上了睡袍。万一遇上刮风下雨天气，它会穿上黑色的蓑

衣，如战士般屹立着。

艾尔斯巨石的颜色真是变幻无穷，难以形容啊！可是，它为什么会变幻出如此多的颜色呢？

地质学家告诉我们，构成艾尔斯巨石的红色砾石中，含有大量的铁，它们在岩石表面形成了一层像镜子一样光滑的物质，可以反射太阳光线，从而随着太阳光线变化，变化出不同的颜色。

现在，艾尔斯巨石已成为乌卢鲁国家公园的最主要部分，每年有数十万人为它的神奇色彩慕名前来。我们也去看看它的时装表演吧！

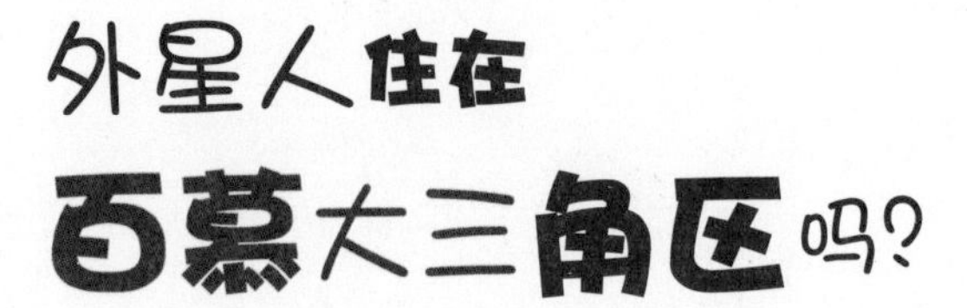

外星人住在百慕大三角区吗？

当今，地球上有一片恐怖的海域，每当提起，就会让人毛骨悚然、大惊失色。在这里，不知有多少飞机和船只莫名其妙地失事，也不知有多少生命莫名其妙地丧生。它简直比魔鬼还可怕！这里就是著名的百慕大三角区。

百慕大三角区，又称魔鬼三角、丧命地狱（听起来就很恐怖），是指一个由北边的百慕大群岛、西边的美国佛罗里达州的迈阿密和南边的波多黎各的圣胡安围成的三角形海域，面积约390万平方千米。在这片神秘的海域，从1945年发现以来，已发生了数以百计的离奇空难和海难，令人费解。

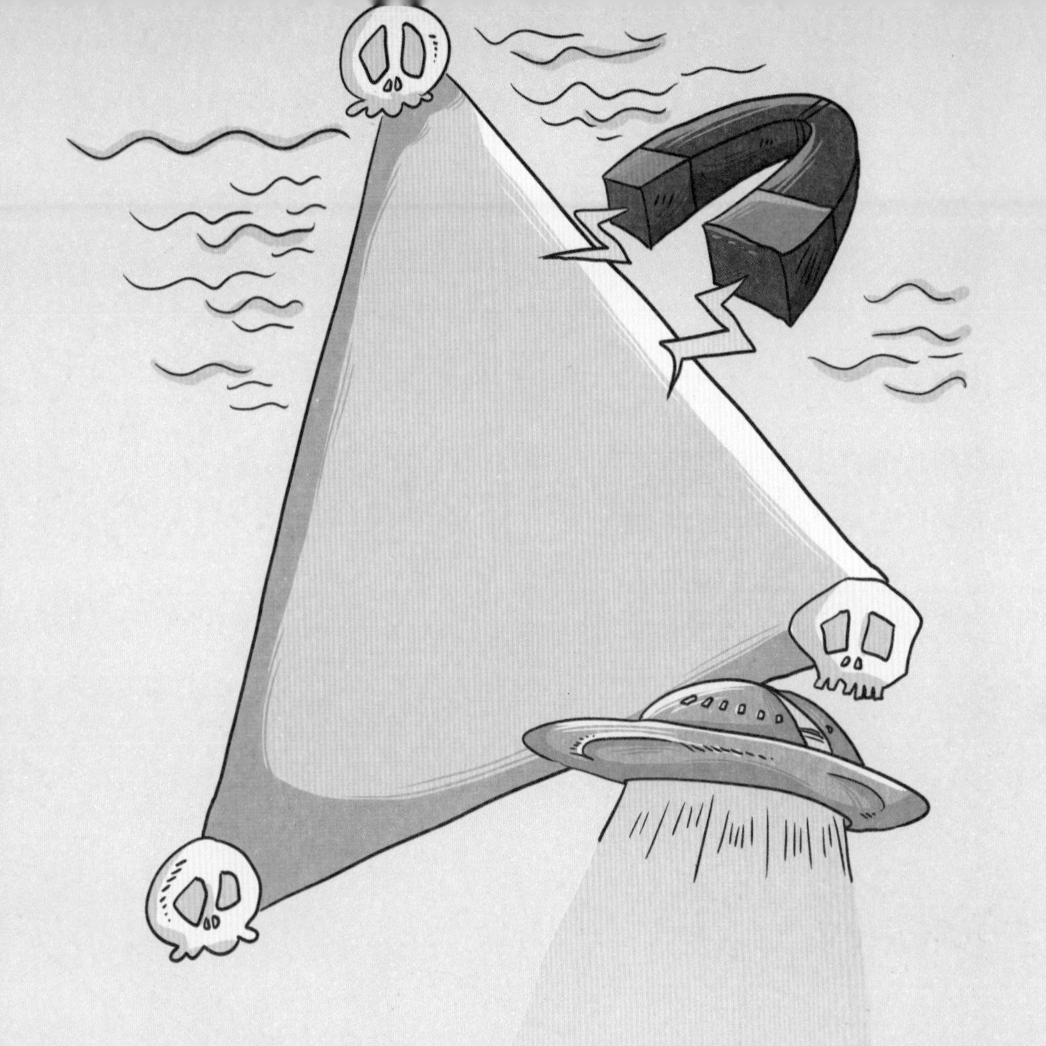

那么，是什么原因致使百慕大三角区发生了许多离奇空难和海难呢？有人说外星人住在百慕大三角区，是他们施了魔法；有人说百慕大三角区海底有巨大的磁场，可以干扰飞机和船只航行；有人说百慕大三角区上空会产生一种极为奇怪的风，叫“晴空湍流”，可以将所有东西在瞬间撕得粉碎，以至消失；有人说百慕大三角区能够产生频率低于20次/秒的声音，这种声音叫次声，具有极大的破坏力，可以震碎一切东西；有人说百慕大三角区是个巨大的黑洞，可以吞噬一切物质等。

最近，英国地质学家克雷奈尔提出，百慕大三角区海底产生的巨大沼气泡才是元凶。巨大沼气泡升到海面时，可以引燃船只、飞机等。

究竟哪一种解释正确呢？似乎都有理由，却又都无法彻底解开百慕大三角区之谜。百慕大三角区成为了本世纪既最神秘又最恐怖的地方。